*La historia de la ciencia
como nunca te la han contado*

IGNASI LLORENTE

La historia de la ciencia como nunca te la han contado

Momentos excepcionales, mentes prodigiosas y grandes descubrimientos

GUADALMAZÁN

Título original: *La historia de la ciencia com mai te l'han explicat. Moments excepcionals, ments prodigioses i grans descobriments* (Angle).

© Ignasi Llorente, 2023
© Talenbook, s. l., 2023

Primera edición en Guadalmazán: julio de 2023

Guadalmazán • Colección Divulgación Científica
Director editorial: Antonio Cuesta
Edición al cuidado de: María Victoria García Ortiz
Maquetación: Alfonso Orti

www.editorialalmuzara.com
pedidos@almuzaralibros.com - info@almuzaralibros.com

Talenbook, s. l.
C/ Cervantes 26 • 28014 • Madrid

Imprime: Romanyà Valls
ISBN: 978-84-19414-04-5
Depósito legal: M-18644-2023
Hecho e impreso en España - *Made and printed in Spain*

«¡Puedo vivir con la duda y la incertidumbre y el no saber! Creo que es mucho más interesante vivir sin saber que tener respuestas que puedan ser erróneas. Tengo respuestas aproximadas, posibles creencias con diferentes grados de certidumbre sobre diferentes cosas, pero no estoy absolutamente seguro de nada (...). No me siento atemorizado por desconocer cosas, por estar perdido en un universo misterioso sin tener ningún propósito (...). Eso no me asusta».

RICHARD FEYNMAN. *Horizon: The Pleasure of Finding Things Out* (Christopher Sykes, BBC, 1981).

Índice

Nota del editor

Tras más de dos décadas editando libros sobre la historia de la ciencia, uno puede caer en la tentación de creer que lo ha leído casi todo. No nos referimos a cada uno de los cientos de miles de títulos que se editan cada año en el mundo, algo que sería imposible por razones obvias. Nos referimos a la sensación de que uno lee siempre el mismo libro, de que las historias se repiten una y otra vez. Sin embargo, cuando cayó en nuestras manos la edición en catalán de *La historia de la ciencia com mai te l'han explicat. Moments excepcionals, ments prodigioses i grans descobriments*, editado por nuestros colegas de Angle, nos sorprendió la frescura que Ignasi transmitía al contar sus historias. Nos cautivó su habilidad para despertar la curiosidad, incomodarnos descaradamente e incluso conmovernos con las hazañas de los científicos más geniales de la historia.

A menudo asociamos la ciencia con el conocimiento y creemos que el método científico es una herramienta para descubrir la verdad. No obstante, Ignasi plantea cómo la ciencia va mucho más allá de las respuestas y los datos; nos invita a adoptar una actitud basada en el compromiso con la duda, a cuestionar lo establecido y a explorar nuevos caminos en busca de un entendimiento más profundo del mundo que nos rodea. Nos familiariza con las mentes más prodigiosas que han existido y nos revela los giros inesperados en el camino del progreso científico, invitándonos con ello a mirar más allá de las fórmulas y los artefactos. Nos impregna de la emoción y la pasión que impulsan a los científicos a transgredir los límites del conocimiento. Las historias que encierran estas páginas desafían todas nuestras nociones preconcebidas sobre la ciencia.

La historia de la ciencia como nunca te la han contado nos invita a romper con la complacencia intelectual y a abrazar la curiosidad insaciable que hace caminar hacia adelante. Las palabras de Ignasi nos recuerdan que la ciencia no es un cúmulo de hechos y teorías abstractas sino una búsqueda continua del saber, un viaje apasionante hacia lo desconocido.

1. UNA GUERRA INEVITABLE

Río Kizilirmak (Anatolia), 27 de mayo de 585 a. n. e.

El mundo estaba sumergido en la oscuridad y la ignorancia, y nada hacía pensar que aquella situación pudiera cambiar, al menos a corto plazo.

Era una noche tranquila y estrellada. No se veía ni una sola nube en el cielo. El valle descansaba en el silencio más absoluto, e inquietante. Reinaba una calma tensa. Cerca del río Kizilirmak, por aquel entonces llamado Halis, en Anatolia, nadie creía que la tranquilidad que vivía el campamento militar lidio fuera permanente, ni siquiera duradera. Todos y cada uno de los soldados y oficiales de aquel emplazamiento provisional sabían que, con la salida del sol, su muerte, o en el mejor de los casos su cautiverio, sería cuestión de horas, quizás de minutos.

Hacía mucho tiempo que habían perdido aquella guerra, o que habrían tenido que perderla. Únicamente los contratiempos sufridos por su enemigo en otros frentes habían pospuesto esa segura derrota. La inferioridad numérica y militar de los lidios era más que evidente. La mayoría creían que solo un milagro podría evitar el anunciado desenlace.

Buena parte de los soldados pasaban aquellas horas rezando a alguno de los dioses inventados por sus ancestros. Orando para que se produjera algo inesperado que cambiara el rumbo de un destino que parecía inevitable. Otros, en cambio, estaban absolutamente callados a pesar de no poder dormir. Sin moverse. Sin hacer el más mínimo ruido. Solo pensando en la suerte que correrían sus vidas al amanecer.

Las hogueras que había encendidas proyectaban las sombras de cientos de tiendas bien alineadas hacia las montañas de alrededor. La temperatura era bastante agradable. Sin embargo, los hombres se agrupaban alrededor del fuego en busca de un calor que las llamas no podían proporcionarles. Tampoco tenían mucho más que hacer, aparte de esperar.

«Croc», crujió de repente una rama al romperse bajo unos pasos en la oscuridad.

—¿Quién va? —preguntó levantándose de un salto uno de los soldados que hacía guardia en la parte sur del campamento—. ¿Quién anda?

—Tranquilo, chico —respondió un hombre de mediana edad vestido con una túnica vieja y sucia y unas sandalias medio rotas—. Venimos desarmados y en son de paz —dijo mientras salía una segunda figura de la oscuridad.

—¡Aquí no puede entrar nadie! ¡Fuera del campamento! —dijo el joven soldado blandiendo su lanza.

—¿Matarías a un pobre viejo que solo quiere un poco de agua y calentarse un rato cerca del fuego? —respondió el hombre surgido de la noche y que iba vestido como un mendigo.

—Ni eres viejo, ni tienes sed, ni hace frío, ni, sobre todo, eres pobre, en absoluto —le interrumpió un capitán que había oído la conversación y se había acercado hasta el puesto de guardia—. ¿Qué has venido a hacer aquí, Tales? —dijo Licos, que había reconocido a uno de los dos intrusos.

—Mmm... —reaccionó el hombre mal vestido viendo desvanecerse el factor sorpresa—. He venido a detener esta guerra.

—La guerra que pretendes detener tiene más años que este joven soldado. Ningún tramposo podrá impedirla con sus argucias. Y menos antes de la decisiva batalla de mañana. ¡Vete!

—¿Y si no queremos? —dijo con un tono provocativo Tales.

—Pues os quedareis para siempre —respondió Licos poniendo la mano sobre el pomo de su espada, una cifos—. Tengo órdenes concretas y no dudaré en aplicarlas.

—¿Me matarías solo por venir a detener este baño de sangre?

—No. Te mataría porque son las órdenes que he recibido y... —añadió tras una misteriosa pausa— por lo que le hicisteis a mi tío.

—¿Tu tío? —respondió extrañado Tales.

—Nikias —concretó el militar comprobando que su interlocutor ni siquiera reconocía ese nombre—. Le robaste su prensa de aceite hace unos años. ¿Ya lo has olvidado?

—Ah, vaya, pero yo no usaría la palabra «robar». Le pagué un buen precio.

—¡Mientes! —replicó, desenfundando su cifos—. Le engañaste, como a todos los demás. Eres un tramposo y un ladrón, y no dudaré en cumplir gustosamente las órdenes de matar a todo el mundo que se atreva a entrar en el campamento sin autorización.

—General, si me permitís —intervino un hábil Anaximandro, que hasta entonces se había mantenido en segundo plano detrás de su amigo y maestro Tales.

—Yo no soy general —puntualizó Licos, que se había ablandado por la intencionada «confusión» de Anaximandro—. Soy capitán.

—Perdone, capitán. Desconozco lo que pasó entre su tío y Tales, pero es cierto que hemos venido a detener esta guerra. No se trata de ninguna argucia.

—Perdéis el tiempo. Marchaos —añadió Licos usando un tono más amable para dirigirse a Anaximandro, que lucía un aspecto mucho más aseado y limpio que su acompañante.

—Capitán, nos marcharemos si así nos lo ordena, pero antes respóndame a una pregunta. ¿Conoce a alguien en este campamento, o en todo Mileto, que pueda tener información trascendente para el devenir de la batalla de mañana? —afirmó Anaximandro generando dudas en sus interlocutores—. Aparte de Tales, evidentemente —remarcó.

—¿Cómo lo harían? Detener la batalla, quiero decir —preguntó el joven soldado con una voz que destilaba esperanza.

—Silencio, chico. Solo quieren engañarnos —cortó en seco el capitán.

—Los dioses se han cansado de esta guerra y quieren que se detenga mañana mismo o moriremos todos —aseguró Tales sin pestañear.

—Cállate y vete... —insistió Licos dudando.

—Por favor —imploró Anaximandro—. Solo serán unos minutos. Llévenos ante su general y deje que le contemos lo que sabe Tales. Sus mandos superiores nunca le perdonarían haber ignorado nuestro aviso. Tampoco usted se lo perdonaría.

—Y, si el general llega a la conclusión de que miento, podrás ajusticiarme tú mismo —confirmó Tales—. De hecho, a mí me da igual morir esta noche o mañana por la mañana, como haréis todos si ignoráis los designios divinos.

El capitán Licos se quedó pensando unos segundos. Más que las palabras de Tales eran las de Anaximandro las que le hacían dudar. Si realmente ese «tramposo» tenía alguna información, quizá valía la pena escucharle. Tampoco perdían nada.

—De acuerdo. Te acompañaré hasta la tienda del general. Pero usted esperará fuera —decidió, dirigiéndose a Anaximandro.

—Me parece bien —aceptó Tales antes de que su amigo pudiera ni siquiera opinar.

La reunión entre el general de los lidios y Tales duró menos de lo previsto. Anaximandro sabía que costaría convencerle, pero también sabía que debían intentarlo. De hecho, esa era la única opción que tenían, ya que no podían hablar con nadie del ejército medo, que acampaba en la otra orilla del río Halis.

Desde fuera de aquella lujosa tienda no se podía oír nada de la conversación entre aquellos dos hombres que tenían en sus manos centenares de vidas colgando de un hilo. El capitán Licos y Anaximandro se quedaron un rato en silencio, cerca de uno de los fuegos, esperando novedades.

—Si no le incomoda contármelo —empezó el civil—, ¿qué hizo Tales exactamente con las prensas de aceite?

—¿No lo sabe? —dijo Licos mientras su interlocutor negaba con la cabeza—. Creía que eran amigos.

—Y lo somos, pero nunca hablamos de dinero.

—Eso es porque les sobra. Los ricos no le dan mucha importancia al dinero.

—Yo no soy rico.

—¿Y a qué se dedica? —dijo el capitán, dejando sin palabras a Anaximandro.

—Bueno, ¿y Tales le parece rico?

—No, no lo parece, eso le hace aún más tramposo. Por eso pudo engañar a todo el mundo —explicó Licos antes de empezar su relato—. Hace ya unos cuantos años, en Mileto, todos se burlaban de Tales por su aspecto sucio y dejado. Le respetaban por su sabiduría —aclaró—, pero poco a poco los nobles y mercaderes le fueron desterrando y acabó apartado de la vida pública.

—¿Le juzgaban por su aspecto? —intervino Anaximandro tratando de aportar un contrapunto al relato del capitán.

—Sí, si prefiere decirlo así. En cualquiera caso, Tales quiso darles una lección. A la primavera siguiente se dedicó a alquilar y comprar todos los molinos de aceite de Mileto y sus alredededores. Media docena en total. Lo hacía a precios muy bajos, diciendo que no habría demasiadas aceitunas, y pactando unas sumas que muchos consideraron razonables en aquel escenario. Pero cuando llegó el momento de la cosecha, había una cantidad de aceitunas descomunal. Tales cerró todos los molinos y fijó unos precios desorbitados para utilizarlos. Al final, ante el miedo a que la cosecha se estropeara, todos tuvieron que aceptar los precios que había impuesto Tales. Pagaron un precio muy elevado por prensar un aceite que, al final, se vendió bastante barato por el exceso de oferta. Todo el mundo salió perdiendo, salvo él, que se hizo de oro en un solo otoño.

—Vaya —lamentó Anaximandro.

—Ahora comprende mi enfado, ¿verdad? Mi tío perdió mucho dinero, con ese truco de Tales.

—Más que perder dinero, dejó de ganarlo, en todo caso —corrigió Anaximandro.

—¿Considera que fue un trato justo?

—Supongo que Tales quería vengarse por el desprecio que sufría.

—¡Eso me parece muy bien! Pero tenía que vengarse de los nobles y de los mercaderes ricos, no de los pobres como mi tío.

Anaximander

—¿Pobres?

—Él siempre ha trabajado de sol a sol, no como usted o Tales. Rico seguro que no es.

—Le entiendo —suavizó Anaximandro mirando de empatizar con el militar—, y le agradezco que me haya explicado este episodio que desconocía.

—Tales es el mayor sabio de toda Lidia, quizá de todo el mundo. ¿No debería compartir lo que sabe, en lugar de tratar de sacarle provecho personal?

—Sí, y me consta que es lo que está haciendo en esta tienda. Le aseguro que lo que ha venido a exponerle a su general no es en beneficio propio.

—¿Ahora me dirá que se ha vuelto altruista de repente?

—No puedo saber por qué hace lo que hace, solo sé que no conozco a nadie que se mire el mundo con sus ojos. Nunca teme hacerse ninguna pregunta, y, sobre todo, nunca teme la respuesta.

El capitán Licos estuvo tentado de responder. Su desconfianza hacia Tales no había desaparecido por aquella conversación, pero la puerta de la tienda se abrió y el sabio de Mileto salió sin decir nada.

—¿Cómo ha ido? —preguntó ansioso Anaximandro.

—Vamos —obtuvo como única respuesta.

—¡Capitán! —gritó el general desde el interior de la tienda—. Reúna al resto de oficiales y vengan enseguida.

—¡Ahora mismo, señor! —oyeron Tales y Anaximandro mientras se apresuraban a alejarse del campamento.

El sabio de Mileto no dijo nada. No abrió la boca en todo el camino. Anaximandro le seguía a unos metros de distancia. Si se hubiesen intercambiado los vestidos, todo el mundo habría tomado aquella escena por la de un noble seguido por uno de sus criados. Pero la imagen era justo la contraria. Quizás era la primera vez que una persona rica y poderosa iba siguiendo el camino marcado por alguien de apariencia humilde. En cualquier caso, seguro que no sería la última vez.

La noche era estrellada y los dos sabios de Mileto se pasaron las horas antes del amanecer a lomos de una colina desde la que podrían seguir atentamente la batalla, en caso de que no pudieran impedirla.

—Tales, estás seguro, ¿verdad?

—No tengo ninguna duda —dijo—. Bueno, ya sabes que dudo de todo, pero... —añadió creando una cierta preocupación en Anaximandro.

—¿Cómo has podido calcularlo con tanta precisión?

—Como bien sabes, viví unos años en Babilonia. Allí pude conocer a los mejores matemáticos del mundo. Ellos me enseñaron a leer unas tablas astronómicas que han elaborado desde hace siglos. Nunca han fallado —aclaró tratando de tranquilizar a Anaximandro—. De momento.

—Pues esperemos que hoy tampoco fallen.

—Cuando todo esto haya pasado, te enseñaré a leerlas y a interpretarlas.

—Estoy impaciente. Gracias. —E hizo una breve pausa—. Pero dime una cosa: si los mejores matemáticos y astrónomos se encuentran en Babilonia, ¿por qué siempre me recomiendas empezar mi aprendizaje visitando Egipto?

—Creo que te será muy útil —respondió el maestro—. Mira, los sumerios han sido los más grandes, hasta ahora, en lo que se refiere a la ciencia de los números. Pero los egipcios han sido capaces de darle una utilidad práctica como nadie había imaginado. Han sabido aplicar las matemáticas a la arquitectura, deberías ver sus construcciones —infirió—, a la ingeniería, a la agricultura, incluso a la política, concretamente a la recaudación de impuestos. —Sonrió—. Seguramente allí encontrarías las respuestas a algunas de las preguntas que te haces.

—Actualmente lo que más me interesa es la aplicación que tienen en astronomía.

—Lo he notado —respondió Tales.

—Por eso he querido venir —confesó—. Bueno, y también para ayudarte, pero no quería perderme el espectáculo de mañana por nada del mundo.

—Esperemos que nos hagan caso, o el «espectáculo» no será el que deseas. Ahora silencio. Se avecina el momento decisivo.

La primera luz del amanecer despuntaba por el horizonte. Ambos sabios se levantaron. Mirando a un extremo y otro del campo de batalla, buscaban los primeros estandartes y banderas de los dos ejércitos, que al cabo de un rato llenarían ese prado. No tardaron mucho en vislumbrar los primeros emblemas lidios y medos. Estos últimos habían cruzado el río Halis durante la noche. Impacientes, se dirigían hacia el lugar de la batalla con paso firme, seguros de una esperada y durante demasiado tiempo aplazada victoria.

Los soldados lidios, en cambio, avanzaban lentamente. Quizá buscando retrasar lo inevitable. Eran conscientes de su inferioridad numérica. La guerra hacía años que se había estancado en ese río, pero parecía que finalmente los medos habían destinado todos sus recursos militares al frente occidental. Una vez cruzado el Halis, incorporarían toda Anatolia bajo su dominio. Pronosticaban conflictos en la frontera este, así que querían cerrar ese frente cuanto antes.

—No parece que te hayan hecho caso.

—Pronto saldremos de dudas —dijo Tales.

Una vez ocupada su posición, el general lidio levantó el brazo. A continuación, sus oficiales harían el mismo gesto para detener la marcha de todo el ejército. Cientos de soldados perfectamente alineados y concentrados para contener el ataque enemigo. Solo el capitán Licos parecía distraído buscando dos figuras en lo alto de una colina cercana. Los medos, en cambio, seguían avanzando mientras el sol ya lucía enorme en lo alto del cielo.

—¡Ahora! —gritó Tales mientras empezaba a bajar por la colina hacia el campo de batalla—. ¡Vamos!

—Pero ¿estás loco? ¡Nos matarán!

—Quédate si quieres —dijo el sabio alejándose.

—Por favor, espero que no te equivoques esta vez —rogó Anaximandro antes de empezar a seguirle.

Desde el otro extremo del campo, el capitán Licos visualizó a las dos figuras bajar corriendo por la pendiente. Tales hacía unos gestos extraños con los brazos, como si tratara de decirle, o de señalarle, algo. El oficial lidio se dio la vuelta, pero no vio nada. Salvo la cara de desaprobación de su general, inquieto y nervioso por la inminente derrota que solo el misterioso aviso de Tales podía evitar.

Finalmente, el capitán entendió los gestos del sabio de Mileto. «¡Creo que nos está señalando el Sol!», gritó Licos. El resto de oficiales lidios se volvieron hacia el astro. Eran incapaces de ver nada. Ponían sus manos delante de los ojos para evitar cegarse con la luz solar.

—¡La ira de los dioses! ¡La ira de los dioses! —gritaba como un loco Tales, desde tan lejos que nadie podía entender lo que decía.

Los medos empezaron a inquietarse. «¿Quién es ese mendigo que corre colina abajo gritando en medio de la batalla?», pensaban. «¿Y por qué motivo los oficiales lidios parecían prestarle atención?». Era la primera vez que los medos se encontraban ante un ejército asesorado por Tales, aunque no sería la última. Unos años más tarde, en ese mismo lugar, otros soldados vivirían una batalla similar en la que el sabio de Mileto haría desviar el curso del río Halis para derrotarlos.

—¡El Sol! —gritó el joven soldado que había descubierto a los dos filósofos la noche anterior—. ¡Mirad el Sol! —insistió.

El silencio se rompió al instante y un murmullo recorrió todo el ejército lidio. La mayoría de soldados abandonaron

su posición girándose hacia el astro. Al verlo, los oficiales medos detuvieron la marcha de sus soldados. Sorprendidos y extrañados por ese comportamiento, temían una emboscada, una trampa o, quién sabe si la llegada de refuerzos de alguna ciudad vecina. Pero nada de eso había distraído la atención de su enemigo. El motivo de esa reacción era el astro. Finalmente ellos también dirigieron su mirada hacia nuestra estrella, y fue entonces cuando se dieron cuenta de la situación. En un rincón del disco solar se veía nítidamente una muesca. Una pequeña porción negra que tapaba la luz solar y crecía rápidamente, oscureciendo su superficie y, por supuesto, el campo de batalla.

—¡Es la ira de los dioses! —gritaba Tales, gesticulando—. ¡Hay que poner fin a este baño de sangre!

Cuando el Sol ya había perdido un cuarto de su superficie, el general lidio dirigió su caballo hacia Tales para ir a su encuentro. Dos de sus oficiales, incluido Licos, lo escoltaron enseguida. Los medos se quedaron atónitos, mirando la escena sin saber qué hacer. Sin convencimiento, el general medo también hizo una señal a uno de sus oficiales y corrieron hacia los dos sabios, que ya estaban en medio del campo de batalla.

—Es la ira... —comenzó Tales casi sin aliento—, la ira de los dioses. Debéis detener esta guerra —añadió tratando de reponerse por el esfuerzo—, ocultarán el sol para siempre si no lo hacéis.

—Pero ¿qué dice este viejo? —preguntó el oficial medo.

—Compruébelo usted mismo —intervino Anaximandro.

El Sol ya había escondido la mitad de su superficie y la angustia y la inquietud entre los soldados de ambos bandos era más que evidente.

—No disponéis de mucho tiempo. Debéis pactar un armisticio de inmediato —continuó Tales.

—Nosotros no podemos —dijo el general medo.

—Sí que podéis. De hecho, no tenéis otra opción —exigió el sabio de Mileto—. Y no debéis demoraros demasiado.

—Mirad —intervino Anaximandro mientras clavaba en el suelo dos lanzas que había pedido a los soldados de la primera hilera—, cuando la sombra de esta lanza llegue hasta aquí —dijo señalando la segunda lanza— ya no estarán a tiempo de detenerlo. Deben apresurarse.

Ni uno solo de esos oficiales entendía lo que había hecho Anaximandro que, con el paso de los años, iría perfeccionando sus relojes solares hasta convertirlos en unos artilugios astronómicos precisos capaces de calcular mucho más que el paso de las horas del día.

—De acuerdo —aceptó el general lidio poniendo en marcha el plan pactado con Tales la noche anterior—. Todas sus predicciones se han cumplido hasta ahora. Nosotros no pondremos en duda este serio aviso.

—¿Quién es este viejo? ¿Una especie de oráculo? —preguntó el general medo al capitán Licos.

—Sí, y de los peores.

—Querrás decir de los mejores, ¿no?

—No, de los peores. De los que solo traen malos augurios y anuncian desgracias que siempre se cumplen.

El general lidio giró el caballo y levantó su cifos bien alta. Cuando el Sol ya estaba prácticamente cubierto del todo, esperó a que sus oficiales estuvieran a punto y entonces, ante la sorpresa del enemigo, dejó caer su arma. El resto de su ejército no tardó ni dos segundos en imitarle. El ruido de cientos de espadas y lanzas cayendo simultáneamente sobre ese campo de Anatolia no sería olvidado por ninguno de los hombres que se hallaban cerca del río Halis. Por años que vivieran, todos los presentes recordarían ese sonido, que parecía poner fin a una guerra interminable. Era el sonido de la voluntad de paz.

El general medo tardó en reaccionar. Hacía muchos años que esperaba ese momento. Había aplazado tanto la entrada a Mileto y a la región oeste de Anatolia, que ahora dudaba entre tomar una victoria que podía tocar con la punta de los dedos u obedecer la «voluntad de los dioses».

—General —intervino Anaximandro advirtiendo las dudas que rondaban por su cabeza—, mire la sombra —dijo señalando la segunda lanza— y mire el Sol. Ya casi ha desaparecido del todo. Solo se ve un pequeño anillo. Cuando los dioses lo hayan escondido completamente ya no habrá marcha atrás.

El general medo siguió dudando. Los nervios parecían haber afectado también a su caballo, que no paraba de dar vueltas y era incapaz de permanecer quieto pese a que su jinete tiraba con fuerza de las riendas.

—Esta paz afecta a Mileto exclusivamente—sentenció—. El resto de Anatolia nos pertenece —añadió justo antes de dar media vuelta dirigiéndose hacia sus tropas.

Su oficial no tardó en seguirle a unos metros de distancia. Pocos instantes después levantó el brazo izquierdo, haciendo una señal de retirada que el ejército medo al completo obedeció inmediatamente.

Solo entonces el capitán Licos dio un suspiro aliviado. Apenas hacía una semana que se había despedido de su familia, convencido de que no volvería a verla nunca más. Por primera vez en la vida se alegraba de tener a Tales de Mileto de su parte. La mirada de agradecimiento que le dirigió no dejaba ningún margen para la duda.

Aquel viejo extraño y con aspecto de mendigo recibía, finalmente, el reconocimiento que se merecía por parte de sus conciudadanos. No tardaría en hacer realidad los deseos de Licos de poner sus conocimientos al servicio de la ciudad, como también lo harían Anaximandro y la larga lista de sabios que les siguieron. Esa región del planeta pronto se convertiría en uno de los centros de conocimiento más importantes de todo el mundo. Sería la cuna de la primera gran generación de filósofos naturales de la historia, una generación casi inigualable durante siglos.

Ambos sabios se quedaron el resto del día en el campo de batalla. Entre las inacabables felicitaciones de los hombres lidios, que ese día volverían a casa sanos y salvos, disfrutaron viendo cómo, una vez pasado el eclipse, los soldados desmontaban el campamento y abandonaban ese lugar. Al final del día, intercambiaron una mirada de complicidad y alivio, conscientes de que su jugada había sido exitosa, aunque por los pelos.

La noche volvió a oscurecer el campo de batalla. Ya no quedaba rastro alguno de aquel conato de enfrentamiento que el propio Heródoto recogería en el primero de los nueve volúmenes de su *Historia*. Los dos sabios de Mileto se quedaron sentados en una roca hasta tarde, saboreando esos instantes. Lentamente, empezaban a darse cuenta de que la leyenda que se había forjado ese día a las orillas del río Halis llegaría mucho más lejos que sus propias vidas.

—Por los pelos, ¿verdad? —preguntó Anaximandro suspirando.

—Y que lo digas.

—¡Cuando te he visto correr gritando como un loco! Ja, ja, ja...

—¡No me lo recuerdes! Desconocía mis dotes de actor. «¡La ira de los dioses!», ja, ja, ja... —bromeó levantando los brazos haciendo reír a su amigo—. Pero, seamos sinceros, si llego a contarle la verdad al general, ¡me cuelga de un árbol! —admitió, soltando la tensión acumulada desde el día anterior.

Tras esas risas se quedaron un instante en silencio, suspirando y admirando el ocaso de aquel astro que apenas empezaban a estudiar. Faltaban siglos, milenios, para que alguien pudiera explicar los movimientos planetarios con precisión, pero ellos, quizás sin ser del todo conscientes de ello, ya habían puesto los cimientos de un regalo maravilloso llamado ciencia. Sin lugar a dudas, la mejor herramienta creada nunca por un *Homo sapiens*. O por unos cientos, ya que sería fruto de infinitas aportaciones. Muchas de ellas anónimas. Otras legendarias, casi increíbles.

—Hazme caso, dedícate a la charlatanería. Además de hacerte rico, tendrás reyes y generales a tus pies —le propuso Tales finalmente.

—Me interesa mucho más este camino en el que me has iniciado —replicó Anaximandro—. De hecho, estoy impaciente por empezar con las tablas astronómicas sumerias. ¡Me queda tanto por aprender!

—Menos de lo que crees, amigo mío.

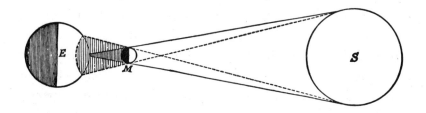

—¡Pero es tanto lo que desconozco! —confesó mientras le brillaban los ojos.

—Mira, hay tres tipos de cosas: las que ya sabes que sabes, pero que quizás debas revisar de vez en cuando; las que sabes que ignoras, y estas son las que yo puedo enseñarte, y luego están las cosas que ignoras que ignoras, es decir, cosas que ni siquiera eres consciente de no conocer. Este es el camino por el que espero que avances pronto, llegando mucho más lejos de lo que yo he hecho. Mi tarea solo puede ser la de darte las herramientas, el resto será cosa tuya.

—Pero...

—Lo que intento hacerte entender —le interrumpió Tales— es que la lección más importante ya la has aprendido. Y es querer conocer por ti mismo como funcionan la Tierra, el cielo, la vida...

—Y, sin embargo, tengo la sensación de no saber nada aún.

—Eso es lo que te decía. Cada pregunta que respondemos nos abre muchos interrogantes. Algunos que ni siquiera podíamos plantearnos antes de haberla respondido. Este camino en el que he tratado de iniciarte en los últimos tiempos no tiene un destino final.

—¿Quieres decir que nunca se podrá saber todo, absolutamente todo?

—No tengo una respuesta para eso. Lo que sé es que existen dos opciones para entender el fenómeno que hoy hemos visto. Una es la de los charlatanes —inmensamente mayoritaria, aceptémoslo—, que piensan que un dios que estaba aburrido ha tapado el Sol para detener una batalla. Si eliges este camino ya has terminado tu trabajo de investigación. Puedes irte a dormir tranquilo.

—Hombre, muy tranquilo no puedo dormir en un mundo gobernado por unos dioses caprichosos.

—Pues el otro camino, que por ahora no seguimos más de media docena de anatolios, es preguntarte qué ha pasado. ¿Por qué los babilonios saben que estos eclipses se producen periódicamente? ¿Cómo puede la Luna ponerse entre la Tierra y el Sol?

—¿O de qué está hecha la Luna? ¿Cuándo se originaron las estrellas, o la vida...?

—Bueno, bueno... ya es suficiente por hoy, amigo mío —trató de frenarle Tales sonriendo—. Demasiadas preguntas sin respuesta.

—Pero algún día la tendrán, ¿no?

—¿Saber de dónde surgió todo esto? ¿Cómo se formó el Universo? Bufff... —se preguntó mirando el firmamento estrellado—. No sé si ese enigma tendrá nunca una solución.

—¿Y la Tierra? Este es un reto más alcanzable, ¿no? O al menos poder averiguar de qué está hecha, qué forma tiene o si también flota...

—¿Flotar? ¿Dónde quieres que flote la Tierra? —preguntó Tales.

—Pues en el espacio, como la Luna o el Sol.

—La Tierra no flota.

—Ah, ¿no? ¿Entonces sobre qué se apoya?

—Precisamente es algo que tienes que averiguar. Actualmente no lo sabemos con seguridad. Sobre un mar infinito. Sobre rocas. Sobre columnas, tal y como cree todo el mundo. Quizás sobre la espalda de una tortuga, según dicen algunas leyendas de tierras orientales —respondió sonriendo.

—¿Realmente crees que la Tierra se sostiene sobre el caparazón de una tortuga gigante?

—No, pero tampoco podemos descartarlo, ¿no? —dijo con escepticismo—. En cualquier caso lo dudo mucho, pero a día de hoy no podemos saber sobre qué se apoya.

—¿Y sobre qué se apoya la tortuga? ¿O las columnas? ¿O el mar infinito? —le interrogó Anaximandro.

—Ahora no te sigo —dijo Tales sin entender el razonamiento de su colega.

—Todas estas respuestas solo trasladan el problema a otro nivel. ¿Sobre qué se apoya la «cosa» sobre la que se apoya la Tierra? Podemos ir inventando capas, como las de una cebolla, hasta el infinito, pero al final deberemos hallar el fondo, ¿no?

—Esa es una reflexión interesante, sin duda —confirmó un Tales pensativo—. ¿Tú qué propones?

—No propongo nada. Solo digo que si la Luna, el Sol y los planetas flotan en el universo, ¿por qué motivo no debe hacerlo la Tierra?

—¿La Tierra flotando en medio del espacio? Ja, ja, ja...

—¿Tan absurdo es lo que he dicho? —pidió un Anaximandro contrariado.

—No, no me río de esto —aclaró Tales poniendo la mano sobre el hombro de su amigo—. ¿Pero ves cómo ya no te puedo enseñar mucho más?

—Ahora no sé si me tomas el pelo o hablas en serio...

—El mejor regalo que puedo hacerte, amigo mío, no es un conjunto de verdades absolutas y de respuestas cerradas a tus inquietudes, eso ya puedes encontrarlo en las creencias místicas y la tradición. Lo mejor que yo puedo ofrecerte es un camino para que nunca dejes de hacerte preguntas, de dudar, incluso de cuestionarte los resultados de tus propias observaciones.

—Y no sabes cómo te lo agradezco. Este es, sin duda, el mejor regalo que puede recibir un mortal.

Aquel comentario les dibujó una sonrisa de complicidad y admiración mutua. Luego estuvieron un rato en silencio. Aquel no era el día ni el sitio para iniciar una revolución científica de tal magnitud. Sin embargo, Anaximandro sería el primer filósofo de todos los tiempos en plantearse aquella posibilidad y la defendería el resto de su vida.

La revolución que supuso aquella teoría merece el mismo estatus que el heliocentrismo copernicano o la gravitación newtoniana. No solo era una revolución astronómica, era una declaración de guerra sin matices al misticismo, al chamanismo, a la charlatanería que había imperado durante siglos. Tratar de entender el mundo por uno mismo sin apriorismos y sin la ayuda de la magia era la primera piedra de una nueva forma de conocimiento que estaba empezando a construirse, de forma independiente, en varios lugares del planeta. Pero en ningún otro lugar germinaría como lo hizo allí. La explosión científica que se desencadenó en esa región del Mediterráneo no fue equiparable a ninguna otra durante siglos.

La oscuridad de la noche sería el único testigo de esa conversación. La amistad y la curiosidad de esos dos filósofos servirían para forjar las bases de una maravillosa generación de científicos. Al día siguiente, el Sol volvería a iluminar la península de Anatolia. El método que allí nacería iluminaría todo el resto del planeta.

No haría falta esperar mucho para obtener los primeros frutos de ese nuevo «invento». Aquella pareja de sabios tendría dos alumnos de grandísimo nivel: Anaxímenes, que se centraría en la descripción de fenómenos meteorológicos como el arco iris, la lluvia, el viento, los truenos y los rayos sin recurrir a la causalidad divina que todos habían visto hasta entonces. Y, sobre todo, Pitágoras, que, gracias al viaje a Egipto que Tales le recomendó hacer, entendió las posibilidades que ofrecían las ciencias numéricas y acabaría siendo considerado el primer matemático puro de la historia.

Durante los siguientes mil años, ese linaje de científicos viviría momentos y situaciones muy diversas. Algunos serían tratados con todos los honores y serían consultados por reyes y emperadores. Mientras que otros serían vistos con mayor o menor simpatía o escepticismo, o sencillamente ignorados. Algunos serían pioneros, no solo con sus hipótesis, sino también a la hora de sufrir la persecución de un poder que no siempre vería con buenos ojos determinadas preguntas y, mucho menos, algunas respuestas.

Se había ganado una batalla. Aquel día, a orillas del río Halis, una forma de mirar el mundo que acababa de nacer ponía fin a una guerra que había durado décadas. Pero, sin darse cuenta, acababa de declarar otra que duraría siglos. Quizá milenios.

2. UN REY SIN CORONA

Siracusa (Sicilia), 12 de junio del 260 a. n. e.

Todo el mundo estaba expectante. En la sala del trono no cabía ni una aguja. Gente de todo Siracusa se había reunido a las puertas del Palacio Real para asistir al homenaje que se le rendía al rey Hierón II por haberle ahorrado a la ciudad los estragos de la primera guerra púnica. De hecho, el homenaje, que coincidía con el quinto aniversario de su proclamación como tirano de la ciudad, lo había organizado el propio monarca para celebrar que, con un cambio de aliados de última hora, había evitado una derrota segura frente al ejército romano liderado por Mesala.

Desde primera hora la multitud estaba esperando en silencio el momento álgido de la ceremonia: uno de los consejeros de la corte adornaría la cabeza real con una corona de oro puro encargada por el propio Hierón y que simulaba unas hojas de laurel, símbolo de la victoria. Los prolegómenos se habían hecho un poco largos, pero al fin, cuando ya sonaba algún bostezo discreto en el fondo de la sala, se llegó al instante culminante.

—Que este laurel de oro puro simbolice, sobre la real testa, la piedad que los dioses han tenido por nuestra ciudad... —empezó el cónsul de Siracusa, que había participado en las negociaciones con los romanos, mientras acercaba la corona a la cabeza de Hierón II.

—¿Cómo sabe que es de oro puro? —soltó Fidias en voz baja, o eso creía él, ya que hacía unos años que había empezado a quedarse sordo.

—Shhttt... —dijo su interlocutor—. Está claro que es de oro puro. ¿Qué creéis? ¿¡Que la hemos comprado al primer mercader cartaginés que pasaba por aquí!?

—¡Silencio! —ordenó en voz baja, volviéndose, otro consejero del rey que estaba justo delante de Fidias—. La corona ha sido un encargo al mejor orfebre de Mesina. Unos enviados de la corte le trajeron la pieza de oro puro con la que debía forjar los laureles.

—Ah, claro —aceptó Fidias, de nuevo subiendo la voz más de la cuenta sin percatarse de ello.

Hierón II hacía unas muecas extrañas mientras oía aquella conversación, que se producía apenas unos metros detrás de él. Solo cuando pareció que el diálogo se acababa puso cara de alivio y volvió a fijar la mirada hacia el infinito; el preciado tesoro estaba ya a pocos centímetros de su cabeza.

—A menos que... —insistió Fidias.

—¡Shhttt! —sugirió una voz de su alrededor.

—A menos que el orfebre no haya mezclado el oro con plata y se haya quedado la mitad de la pieza que le proporcionaron para él. Sería muy sencillo de realizar.

—Silencio.

—Una tentación, me atrevería a decir —insistió.

—¡Basta, por favor! —protestaron varias voces, esta vez con mayor volumen y convicción.

—Sí, sí, ya me callo. No llevan a ninguna parte estas elucubraciones. Tampoco sería posible detectar jamás el engaño —concluyó, estropeando definitivamente la tan esperada celebración.

Después de aquel comentario el rey ya no fue capaz de ignorar la posibilidad de haber sido engañado. No era solo una cuestión económica —por supuesto la corona la habían pagado los siracusanos con sus impuestos—, sino un tema de amor propio. Si nunca se descubría el engaño, Hierón II sería ridiculizado sin piedad, y la burla es, posiblemente, una de las armas más temidas por cualquier gobernante.

El atardecer empezó a caer sobre Siracusa. El sol teñía de naranja el cielo de la ciudad mientras el Palacio Real seguía vaciándose definitivamente. Muchas personas habían querido quedarse hasta el final para celebrar aquella ocasión especial, y antes de irse iban desfilando una por una para despedirse personalmente del rey. Sin embargo, este seguía obsesionado con las consideraciones de Fidias, y por eso, cuando tuvo delante a aquel viejo y respetado astrónomo de la corte de Siracusa, no pudo evitar romper el protocolo durante unos instantes.

—Levántate, Fidias —le pidió el monarca.

—¿Qué quieres... quiere, majestad? —preguntó, corrigiéndose a sí mismo al darse cuenta de que a pesar de ser primos debía mantener cierta pulcritud en las formas.

—Ven —solicitó Hierón llevándole a un rincón con él—. Esto que has dicho de la corona me tiene preocupado.

—No sufráis. Yo solo digo lo que me pasa por la cabeza sin pensarlo demasiado, ya me conocéis. No me hagáis más caso del que merezco.

—Sí, pero ¿y si fuera verdad? La ciudad habría gastado una suma importante de dinero en una falsificación. No puedo permitirlo.

—Tampoco hay manera humana de averiguarlo. Es imposible distinguirlo a simple vista —confesó Fidias mirando la corona de cerca.

—Bien habrá alguna solución, ¿no?

—¿Y si la fundimos? —preguntó en voz alta uno de los consejeros, que al oír la conversación se había acercado hasta el monarca.

—¡Bravo! ¡Qué gran idea! —ironizó Hierón—. Se trata de descubrir el engaño sin estropear la corona, ¡hombre!

—Podríamos dirigirnos al orfebre de Mesina —propuso otro de sus asesores mientras el resto iban reuniéndose en torno a los protagonistas de aquel improvisado debate.

—¡Y sin que todo el mundo sepa que creemos que nos han estafado! —cortó en seco el cónsul de Siracusa.

—Bueno, por el peso y el tamaño no se puede deducir gran cosa —añadió Fidias mientras analizaba ese tesoro real.

—Entonces, ¿no se te ocurre ninguna manera de descubrir el posible engaño? —preguntó Hierón II decepcionado.

—Ninguna, lo confieso. Yo estudio las estrellas y los planetas, ya sabes que nunca he tenido los pies en el suelo —admitió, volviendo a dirigirse a él como familiar directo y no como consejero real.

—Pero ¿tú no eres el mayor sabio de Siracusa? —dijo el rey contrariado tratando de provocarle.

—Uy, no. No. Hace tiempo que ya no lo soy.

—Ah, ¿no? ¿Y quién es entonces? —preguntó el cónsul.

—Mi hijo hace años que me superó en todos los campos de estudio —respondió Fidias, orgulloso como solo puede estarlo un padre que ha visto su descendencia llegar más lejos que él.

—¿Arquímedes? —preguntó uno de los consejeros dibujando una sonrisa escéptica en su cara.

—Si él no puede resolver este enigma, les aseguro que nadie podrá hacerlo —aseveró el padre con vehemencia, desafiando al resto de consejeros reales—. Le expondré el problema y os aseguro que se dedicará a fondo durante las próximas semanas —confirmó, dirigiéndose de nuevo al gobernador de la ciudad.

—Tres días. Te doy tres días o deberemos consultar al oráculo —sentenció el rey mientras alguno de los consejeros suspiraba aliviado.

—El conocimiento no responde a las prisas de palacio —respondió Fidias, en alusión a los consejeros que no querrían que se consultase a nadie de fuera del entorno real.

—Una semana. Tiene una semana —decretó Hierón II dándole la espalda para poner fin a esa conversación.

Fidias ni siquiera se despidió. Conocía como nadie el talento de su hijo, pero una semana era un plazo demasiado corto incluso para alguien con ese enorme potencial. Una vez recibido el encargo, dio media vuelta y salió de palacio tan rápido como sus viejas piernas le permitían, subiendo el camino hacia su residencia.

Arquímedes era uno de los pocos siracusanos que no había querido aprovechar su estatus para invitarse a la ceremonia real. Había preferido quedarse en su estudio haciendo unos cálculos sobre palancas que pronto revolucionarían las aplicaciones que había tenido la geometría hasta entonces. Aunque al rey, al oír esa explicación en boca de Fidias, solo le había parecido una mala excusa.

La oscuridad de la noche ya se había tragado completamente la ciudad. Por fin los siracusanos dormirían plácidamente después de una celebración que, en mayor o menor grado, todos habían regado con vinos procedentes de toda Sicilia. A esa calma, había contribuido decisivamente la sensación que el peligro de una guerra se había desvanecido. Aquellos ciudadanos, siempre en alerta por las posibles incursiones de saqueadores y enemigos, podrían tener, finalmente, un tiempo de tranquilidad. Solo un par de hombres seguirían despiertos hasta tarde, empeñados en sus discusiones y aparentemente ajenos a las prioridades de sus conciudadanos.

—¿¡Qué dices que has hecho!? —gritó Arquímedes después de conocer el compromiso al que había llegado su padre.

—Calma, hijo —dijo Fidias tratando de tranquilizarle.

—Pero, padre... —insistió Arquímedes.

—Shhhttt... —trató de calmarle el consejero real.

—Es que no sé ni por dónde empezar.

—No te preocupes. No es un problema muy diferente a los que resuelves a diario —sugirió el padre señalando todas las maquetas y proyectos a medias que tenía Arquímedes en su estudio.

—¡Pero yo no sé absolutamente nada sobre la forja de joyas! —replicó el hijo levantando la voz—. ¡Y solo tengo una semana!

—Eres capaz de resolverlo en menos tiempo, estoy convencido.

—Pero ¿cómo? No sé ni por dónde empezar... —admitió abrumado mientras se sentaba—. Y ahora ¿de qué te ríes? —preguntó viendo la expresión de Fidias.

—Siempre has hecho lo mismo. Siempre te agobias ante cualquier reto. Y siempre acabas por resolverlo. De pequeño ya hacías lo mismo.

—Este problema no es como los que me ponías —aclaró—, aunque recuerdo que a menudo también lo pasaba mal.

—¡Pero si eran muy divertidos!

—No era eso, padre, temía que llegara un día que no fuera capaz de resolverlos.

—¿Y?

—Y decepcionarte —confesó Arquímedes.

—Hijo, nunca me has decepcionado, ni lo harás. No importa si un día llega un problema que no puedas resolver. Seguro que esto ocurrirá, pero no será hoy, ni será este.

—¿Y si no es así? ¿Y si llega un momento en que ya no puedo avanzar más?

—No hablas de la corona, ¿verdad? —preguntó el padre mientras Arquímedes asentía con la cabeza—. Hijo mío, siempre has tenido una capacidad muy peculiar de ver las cosas. Distinta a la que tenemos los demás. Tienes un talento especial para mirar al mundo desde otro punto de vista; siempre has sabido darte cuenta de hechos que al resto nos habían pasado por alto. Por eso de pequeño ya traté de animarte y estimularte con aquellos problemas que te proponía. Nunca pretendí hacerte sufrir. Solo deseaba que te hicieran crecer.

—Como todos los padres.

—Cierto, pero el orgullo que siento no es solo el de un padre, también siento el de un maestro que ve cómo su alumno puede llegar hasta donde él quiera. Tienes un don. Sabes resolver nuevos problemas, y no tan nuevos, con soluciones innovadoras, diferentes, originales, a menudo incomprensibles para muchos —dijo, levantándose y dirigiéndose hacia la puerta para dejarle solo—. ¿Sabes cuál es la gran diferencia entre tú y todos los charlatanes de la corte del rey?

—No.

—El riesgo que corres.

—¿Quieres decir que Hierón II me castigará si no puedo ayudarle? —preguntó poniéndose la mano en el cuello.

—¡No, hombre! Si alguien tiene que sufrir por su cuello es quien encargó la corona. Ja, ja, ja... —aclaró el padre riendo—. Quiero decir que todo el enjambre de aprovechados que rodea a mi primo nunca arriesgará en lo que dice, ni en lo que hace, ni siquiera en lo que piensa. Ellos siempre actúan de la forma que creen que más gustará al rey, sin salirse nunca del guion. Tú, en cambio, no tienes miedo de pensar por ti mismo, y de hacerlo de forma diferente al resto.

—¿Y eso es bueno?

—Eso es el mejor regalo que puede recibir una persona. Se llama libertad. Libertad de la buena, de la de verdad. Deja que tu mente vuele libremente. No pienses cómo resolverían el problema los demás, y enfócalo como solo tú sabes hacer —concluyó abriendo la puerta del estudio—. Y ahora descansa. Buenas noches, hijo.

Arquímedes se quedó en silencio. Pensativo. Recordando lo que le había dicho su padre y como lo había animado desde pequeño a encontrar soluciones por sí mismo a problemas complejos, y como siempre había sabido salir adelante.

—Buenas noches, padre —respondió cuando ya se había cerrado la puerta y Fidias no podía oírle.

El tiempo corre muy rápido si estás ocupado. Arquímedes pasó todos aquellos días y noches encerrado en su estudio. Haciendo esquemas, dibujos, cálculos y experimentos. Pero no supo encontrar ninguna solución al enigma de la corona. Al día siguiente expiraría el plazo que le había dado el rey y se sentía muy decepcionado. Consigo mismo, pero también tenía miedo de decepcionar a su padre.

A media tarde, Arquímedes parecía totalmente derrotado. Tumbado en el suelo de su estudio, miraba el techo sin saber qué más probar para resolver ese problema.

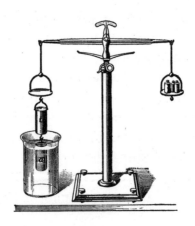

—¡Hola! —gritó alguien desde fuera—. ¿Estás en tu estudio? —dijo Fidias.

—Entra —respondió sin levantarse.

—Pero ¿qué ha pasado aquí? —preguntó al ver a su hijo en el suelo—. ¿Estás bien?

—No. Me han derrotado. Una triste corona ha podido conmigo.

—¿Te has dado por vencido? —dijo el padre preocupado—. Creo que es la primera vez que te veo así.

—No puedo más, la cabeza me va a estallar, y no he avanzado lo más mínimo, no sé ni por dónde enfocarlo.

—Quizá si hubieras tenido más tiempo.

—¡Qué va! Ni en un año lo resolvería. Me supera totalmente.

—¡Venga, hombre! Ahora lo ves todo negro, pero sabes que no es verdad. Siempre sales adelante.

—Esta vez no —confesó mientras se hacía el silencio.

—Hijo, ¿has salido de este estudio desde que volví de palacio? —preguntó Fidias viendo que en la habitación había platos y vasos sucios.

—Creo que no —admitió Arquímedes.

—Pues levántate. Vamos a dar una vuelta para que te dé el aire y así sales un rato de esta madriguera —sugirió alargándole la mano para ayudarle a incorporarse.

Padre e hijo empezaron a andar sin un rumbo claro. Ajenos al ruido y al tráfico de las calles de Siracusa, paseaban en silencio. Arquímedes seguía pensativo, cabizbajo, sin saber cómo afrontar ese reto.

—Hijo, no pasa nada. No te preocupes con el plazo que te han dado...

—¡Pero expira mañana!

—¡Eso me da igual! Que se la meta... donde quiera, la corona —dijo Fidias bajando la voz—. Ya encontrará otro juguete para entretenerse. Tú piensa en el problema y trata de resolverlo a tu ritmo. Para mí lo importante es lo que puedes aprender con este asunto, no la corona en sí.

—Padre, no es el plazo solo, es la temática. Yo no tengo ni idea de orfebrería —insistió Arquímedes.

—Hijo, ya te lo he dicho: no pienses en la corona, piensa en términos generales.

—¿Que no piense en la corona? ¿Y en qué se supone que debería concentrarme entonces?

—En el problema abstracto, no en el concreto —aclaró al instante su padre.

—No vuelvas a salir con los pitagóricos, padre.

—¿Qué problema tienes con Pitágoras?

—Ninguno, solo faltaría. Reconozco que ha sido el mayor matemático...

—Hasta ahora —intervino Fidias.

—Pero, de tan abstractos, algunos de sus planteamientos son incomprensibles, inaplicables en el día a día —siguió, tratando de ignorar el elogio de su padre.

—Pitágoras fue el primero en descubrir que todo lo que nos rodea se puede describir con lenguaje matemático —explicó el padre extendiendo los brazos—. Las personas, los animales, los planetas, las ciudades... todo, absolutamente todo se puede estudiar mediante los números.

—Pues a él parecían preocuparle poco estos temas.

—¡Cierto! De tanto que se abstrajo, acabó convirtiendo su forma de entender las ciencias numéricas casi en una religión.

—¿Y de qué me sirve entonces?

—Mira —insistió Fidias de nuevo—, lo enfocaré desde otro punto de vista. Recuerdas su teorema, ¿verdad? —preguntó mientras su hijo asentía con la cabeza—. De hecho, él no descubrió esa propiedad de los triángulos rectángulos.

—Ah, ¿no?

—¡Qué va! Tales de Mileto, que fue su maestro y mentor, le recomendó que viajara a Egipto. Allí descubrió un truco que utilizaban para medir ángulos rectos, muy útil en arquitectura.

—¿Cómo lo hacían?

—Muy sencillo. Si tienes una cuerda con cinco nudos equidistantes entre ellos, puedes calcular ángulos exactos de noventa grados, para levantar dos paredes por ejemplo.

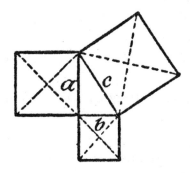

Si mides un triángulo que tenga los lados de tres, cuatro y cinco nudos respectivamente, el ángulo entre los dos lados más cortos, los catetos, será justo de noventa grados.

—¿Este es el secreto de los prodigios arquitectónicos egipcios?

—En buena medida sí. Sin estos conocimientos no habrían podido sobresalir en este campo como lo han hecho.

—Para eso utilizaban su teorema —dijo, entendiendo el uso práctico de esa propiedad matemática.

—Sí, pero también en Sumeria. Desde hacía décadas, siglos tal vez. Pero todavía no era su teorema.

—¿Y cuándo empezó a serlo?

—Cuando se dio cuenta de que las sumas de los cuadrados de los lados pequeños...

—Dan veinticinco en el ejemplo que has puesto —señaló rápido Arquímedes.

—Cierto, al igual que el cuadrado de lado más largo, la hipotenusa, que mide cinco nudos.

—¿Y solo por eso se le atribuye el teorema a Pitágoras?

—¿Te parece poco? Pues ahora voy a donde quería llevarte. Él se dio cuenta de que esta propiedad de los triángulos no solo la tienen si sus lados miden tres, cuatro y cinco, sino que es una propiedad universal de todos los triángulos rectángulos, independientemente del tamaño de sus lados. Así pues, de un caso concreto abstrajo una norma de aplicación universal. No se fijó en el tamaño de los lados de un triángulo concreto. No se detuvo a estudiar el triángulo tipo que usaban los arquitectos egipcios en su día a día, sino que fue capaz de imaginarse un triángulo teórico, en su cabeza, sin una medida precisa para cada lado. Así formuló su famoso teorema y se convirtió en el primer verdadero matemático de todos los tiempos.

—¿Un triángulo teórico?

—¡Exacto! No pienses en paredes, piensa en una forma geométrica. En Egipto partían de un triángulo concreto para medir ángulos rectos, y él partió de un triángulo teórico, imaginario, con un ángulo recto para darse cuenta de que podía encontrar una relación matemática entre sus lados.

—Nunca me lo había planteado así.

—Pitágoras también tenía ese talento para mirar las cosas desde otro ángulo.

—¡Desde un ángulo de noventa grados! —replicó Arquímedes bromeando.

—Ja, ja, ja... ¡esa es buena!

—No tengo que pensar en la corona, ni en el oro, ni en la plata... Debo mirarlo en términos generales. Debo buscar una solución que sea de aplicación general, no solo a este enigma.

—¡Ahora me gustas! —le felicitó el padre abrazándole—. Por cierto —añadió apartándose repentinamente—, ¿puedo hacerte una pregunta?

—Claro —respondió Arquímedes sorprendido.

—¿Durante esta semana es posible que hayas descuidado tu higiene personal? —preguntó el padre sintiendo el olor que desprendía su hijo.

—Mmm... —dijo el sabio oliendo su túnica—. Quizás un poco.

—¡Pero hombre, que ya eres mayorcito! ¡Venga, vamos hacia los baños públicos! Te acompaño. De pequeño también tenía que irte detrás a la hora del baño, ¡pero ahora ya eres un hombre hecho y derecho! —exclamó medio en broma Fidias mientras giraban por una calle que los llevaría a los baños públicos.

Lo que ocurrió después es una de las leyendas más repetidas de la historia de la ciencia. Las consecuencias de la inmersión de Arquímedes en las aguas tibias de una bañera son conocidas por todo el mundo. No fue un descubrimiento accidental, ni aislado. Fue una más de las enormes aportaciones de alguien que inscribiría su nombre en los anales de la ciencia con letras de oro —de oro puro—. Su reacción, su famoso *eureka*, es decir, «¡lo he encontrado!», ha llegado hasta nuestros días. Su carrera, quizás desnudo, hasta el palacio, también.

Una vez en la sala del trono, Arquímedes, ya vestido, esperaba impaciente la entrada del rey junto a una docena de consejeros. Y también la de Fidias, que cuando llegó de los baños públicos vio en los ojos de su hijo que el misterio había sido resuelto, aunque todavía desconocía los detalles.

En primer lugar, Arquímedes ordenó que le trajeran una balanza de gran precisión para pesar la corona, y una pieza de oro idéntica a la que habían confiado al orfebre de Mesina. Todo el mundo rodeó al joven sabio mientras este observaba atento el resultado de su medida.

—Eso ya lo hemos hecho nosotros —recriminó uno de los consejeros tratando de ridiculizar la aportación del joven matemático.

—Pesan lo mismo —añadió Hierón—. Quizás esto signifique que es auténtica.

—Un momento, por favor —pidió Arquímedes mientras comprobaba que las dos piezas estaban perfectamente alineadas—. Ahora traedme un gran recipiente lleno de agua.

Cuando lo tuvo en la sala, dejó a todo el mundo boquiabierto sumergiendo la balanza con la corona y la pieza de oro en el interior del recipiente. Todos los consejeros se abalanzaron sobre el experimento para ver qué pasaba. Solo tardaron unos segundos en comprobar que la balanza se desequilibraba, dejando la corona unos milímetros por encima del nivel de la pieza de oro puro.

—¡Ohhh! —exclamaron todos los presentes.

—No lo entiendo —admitió el cónsul—. Pero si pesan lo mismo...

—Sí, pero no tienen la misma densidad —respondió Arquímedes.

—¿Y esto qué significa? —preguntó el rey, impaciente—. ¿Qué la corona es buena o no?

—Eso, majestad, significa que la corona no es de oro puro —concluyó el matemático.

—Y que tú eres el mayor sabio de Siracusa —añadió Fidias poniendo la mano sobre el hombro de su hijo—, por lo menos.

Ambas conclusiones eran ciertas. La corona, efectivamente, era una aleación de oro y plata, y Arquímedes, sin lugar a dudas, el mayor sabio de Siracusa, y posiblemente de todo el planeta. Lo que acababa de demostrar en esa sala del trono era el principio fundamental de la hidrostática, que afirma que un cuerpo sumergido experimenta una fuerza de abajo hacia arriba igual al volumen de agua que desplaza. La corona, al ser menos densa que la pieza de oro puro y, por tanto, tener un volumen ligeramente mayor, recibía una fuerza superior y se mantenía por encima del nivel de un lingote idéntico al que se había usado para su forja.

Pero lo importante no era el descubrimiento en sí mismo. No sería ese principio, llamado de Arquímedes, lo que haría eternamente famoso a su descubridor, sino la forma en que había llegado a esa conclusión. Lo que le hacía tan especial era la capacidad de abstracción que permitía entender que aquel fenómeno era aplicable a cualquier cosa, ya fuera una corona en forma de laureles reales, un barco cargado de soldados romanos o un cuerpo desnudo en una bañera.

Además, a diferencia de los pitagóricos, él entendió, como ningún otro sabio de la época, que las matemáticas eran la lengua en la que se escribían la física y la tecnología, en concreto, y la ciencia, en general. Ningún científico posterior al sabio de Siracusa prescindiría nunca más del ábaco o de la calculadora para contrastar sus hipótesis.

Las aportaciones del matemático de Siracusa a la corte de Hierón II no habían hecho más que empezar. Acabarían siendo tan numerosas como valiosas. Solo gracias a su ingenio, la ciudad pudo resistir la invasión romana más tiempo que ningún otro emplazamiento durante las dos guerras púnicas que aún vendrían.

Los romanos sabían perfectamente a qué se debía esa extraordinaria resistencia de Siracusa. Las órdenes del general Marco Claudio Marcelo el día que finalmente pudieron conquistar la ciudad, en el 212 antes de nuestra era, fueron muy claras: podían saquear, robar, matar y violar a todos los habitantes de Siracusa, pero no podían tocar ni un pelo de la «mejor arma de guerra de toda la ciudad», dijo en referencia a un Arquímedes que ansiaba tener a su servicio. Lástima que el soldado romano que entró en la casa del sabio de Siracusa no supiera interpretar una orden tan clara y diáfana. Cuando llegó, se encontró al gran matemático en el suelo, haciendo unos cálculos extraños e incomprensibles para él, y para la mayoría de los *Homo sapiens* de los siguientes dieciocho siglos.

Reyes y militares de todo el Mediterráneo empezaban a darse cuenta del enorme potencial de aquellos sabios, a menudo distraídos, que habían emprendido un largo camino con Tales y Anaximandro. Podían serles útiles en muchos aspectos, también en el militar. Mucho más útiles que las legiones de charlatanes que inundaban sus palacios. Aunque ningún monarca apostaría con tanta firmeza y convicción como un joven príncipe macedonio que, casualidad o no, también acabaría siendo el «más grande» de todos.

Arquímedes encandiló a sus coetáneos y a las generaciones futuras en el campo de la ingeniería, de la física, de la astronomía y, sobre todo, en el de las matemáticas, tal y como había previsto su padre. Se acercó más que nadie al número pi; tuvo que inventar una novedosa notación matemática para poder escribir el número de granos de arena que, según él, contenía el universo, o cualquier otra cifra lo suficientemente grande; calculó volúmenes y superficies por caminos que nadie había usado antes.

Incluso exploró un nuevo método para calcular el área definida por una curva parabólica. Aquel nuevo sistema, que no pudo completar, quizás debido a la espada de un impaciente soldado romano al detenerle, tardaría casi dos mil años en ser desarrollado por dos genios de la talla de Gottfried Leibniz e Isaac Newton. Recibiría el nombre de cálculo infinitesimal y serviría para realizar todo tipo de operaciones inalcanzables para las generaciones que los separaban del sabio de Siracusa.

Arquímedes murió en su casa, en su estudio, después de setenta años dedicados a la ciencia. Si alguna vez se hiciera una hipotética competición entre los mejores matemáticos de la historia, él compartiría podio, sin lugar a dudas, con Newton y Carl Friedrich Gauss. Sin embargo, no podemos saber de qué material sería su medalla. En cualquier caso, tampoco importa mucho, y más sabiendo que incluso los campeones olímpicos del siglo XXI deben conformarse con medallas que, en realidad, son de una aleación de plata, cobre, zinc y solo un uno por ciento de oro puro.

Los conocimientos de Arquímedes siguieron propagándose más allá de su isla natal, y mucho más allá de su vida. Su leyenda también llegó a Egipto, donde una generación de científicos encabezada por Eratóstenes empezaría a recoger sus proezas, y las de otros muchos sabios de todo el planeta, en una biblioteca que pronto sería la más importante y grande del mundo.

3. EL ÚLTIMO LIBRO

Alejandría (Egipto), 24 de febrero del 391 d. n. e.

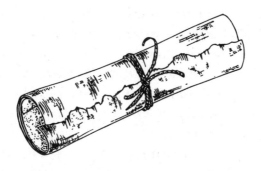

Hipatia nunca había visto la Biblioteca del Serapeo tan desordenada. Parecía que la hubiera cruzado una manada de elefantes. Al verlo todo patas arriba, tuvo un mal presentimiento.

—¡Padre! ¡Padre! —gritó mientras recorría las majestuosas salas del centro de estudios— ¿Dónde estás?

—Shhht... —le hizo callar alguien desde el interior de una estancia mal iluminada.

—¿Habéis visto a mi padre? —preguntó nerviosa.

—Sí. Creo que estaba buscando algo. Hace un rato que ha pasado por aquí todo ajetreado —respondió la voz desde dentro de la sala—. ¡Ahora, silencio! Estamos tratando de estudiar aquí.

Hipatia se tranquilizó un poco. Seguía sin entender a qué se debía ese desaguisado, pero la respuesta que había recibido no parecía indicar que la Biblioteca del Serapeo hubiera sufrido algún ataque, aunque por el estado de desorden de alguna librería pudiera parecerlo.

—¡Por fin! ¡Sabía que te encontraría! —oyó gritar a su padre.

—¿Padre? —dijo mientras entraba en una sala donde había pergaminos por el suelo—. ¿Qué ha pasado? ¿Estás bien? —preguntó.

—No lo encontraba —respondió Teón enseñando un pergamino—. Míralo —dijo extendiéndolo sobre una mesa—, el *Hé megalé syntaxis* de Ptolomeo, quizás una de las obras más importantes de esta biblioteca, y quién sabe si de todo el mundo —explicó satisfecho.

—Pero, padre, ¿qué es este desorden?

—¿Desorden? ¿Qué desorden?

—Todo esto, todos esos pergaminos esparcidos por el suelo —preguntó mientras comenzaba a recoger algunos.

—¡No los toques! —interrumpió Teón—. Que estén por el suelo no significa que estén desordenados. El orden es una apreciación subjetiva —aclaró cogiéndole los que tenía en las manos—. Estoy haciendo inventario, y yo ya me entiendo así.

—Bufff... —suspiró Hipatia mientras se sentaba y se quedaba mirando a su padre—. ¿Sabes? Por un momento me he asustado bastante. Cuando he llegado y lo he visto todo patas arriba.

—¿De qué tienes miedo? Fuera quizás, pero aquí dentro no pueden entrar. Y lo saben.

—Padre, solo hace un mes que intentaron quemarla —dijo Hipatia incrédula ante la tranquilidad de su padre.

—No fue exactamente como lo cuentas. Unos gamberros arrojaron una antorcha por un ventanal, pero no pasó nada más. Si hubieran querido quemar el edificio lo habrían conseguido, ¿no crees? —añadió tratando de tranquilizarla—. Aquí dentro estamos seguros. Es en la calle donde debemos vigilar.

—A menudo me pregunto si eres consciente del peligro que corremos.

—¿Que si soy consciente? Soy perfectamente consciente de los tiempos que nos ha tocado vivir. ¿Por qué crees que hace días que rehago el *pinakes*? —preguntó mientras señalaba el pergamino que llevaba en la mano—. ¿Crees que me gusta dedicar más tiempo a clasificar e indexar los volúmenes que tenemos aquí que a estudiarlos? Yo ni siquiera conocí la biblioteca original —añadió refiriéndose a la Gran Biblioteca de Alejandría.

—Pues así ya sabes que no van a parar hasta destruirla. Igual que hicieron con la anterior.

—Es posible. Por eso intento, al menos, registrar todo el contenido actual. Pero no debes sufrir por nuestra seguridad. De momento no corremos ningún peligro.

—De momento —recordó ella lacónicamente.

—Sí, solo «de momento». Pero este «momento» no podemos desaprovecharlo. Por eso quiero terminar el índice y salvar tantos volúmenes como sea posible.

—¿Por eso buscabas el *Hé megalé syntaxis*?

—Sí, este será el primero que intentaré salvaguardar, pero no es una decisión sencilla. Hay tantos que merecen la pena —dijo mirando a su alrededor—. En la antigua biblioteca había un ejemplar del *Babiloniaka* escrito por Beroso el Caldeo. Allí se recogía toda la historia del mundo de los últimos 432 000 años. ¿Te lo imaginas? Pero los tres volúmenes se perdieron en el último incendio. Igual que otras obras irrepetibles. No quiero que vuelva a ocurrir lo mismo. ¿Sabías que había la primera obra en prosa de todos los tiempos? Un tratado de astronomía escrito por el mismísimo Anaximandro. ¿Sabes que él fue de los primeros en creer que los humanos no tenemos un origen divino? Creía que habíamos salido del barro, en una forma más primitiva —explicó innecesariamente volviendo a mirar a Hipatia a los ojos.

—Lo sé. Ya sabes que lo sé. Pero mejor que estos fanáticos de fuera no lo sepan o tendrán más motivos para quemarlo todo. No se lo toman demasiado bien cuando alguien le quita «méritos» a su Dios.

—¿Y tú? Si solo pudieras salvar a uno, ¿cuál sería? —siguió Teón, ignorando los temores de su hija.

—¿Yo? —respondió dudando unos segundos—. El comentario sobre el *Hé megalé syntaxis* —dijo con una mirada de complicidad.

—¿Este? —preguntó Teón sorprendido, pero orgulloso—. Pudiendo salvar la obra original, ¿por qué deberías salvar un libro que solo lo comenta?

—Porque lo escribiste tú, papá. Con mi ayuda, ¿eh?

—Inestimable ayuda —añadió él.

—Y no solo lo comenta, sino que lo explica de forma entendedora, y si acaso, lo complementa —respondió—. Pero quizá en lugar de un libro salvaría esto —dijo cogiendo un astrolabio que estaba sobre la mesa.

—Dedicaste muchas horas a mejorarlo —recordó Teón—. Pero es una herramienta poco útil sin el conocimiento que permite hacerla funcionar —añadió señalando la obra Ptolomeo.

—¿Crees que alguien de los que quieren quemar la biblioteca sabe que los astrolabios sirven para localizar y registrar la posición de las estrellas?

—Dudo que tengan ni la más remota idea.

—Pues por eso no lo quemarían. Quizás incluso se lo guardarían como recuerdo, como elemento de decoración, como un trofeo. Y si esto ocurriera, algún día llegaría una generación de astrónomos que sabría manejarlo de nuevo y volverían a mirar hacia el cielo —dijo mientras padre e hija se quedaban unos segundos en silencio.

—¿Por qué has venido? —preguntó él finalmente.

—Por nada en concreto. Quería verte. Hoy he terminado antes las clases, porque Sinesio tenía fiebres y se ha disculpado. He pensado venir a buscarte e ir a dar una vuelta por el puerto. Como cuando era pequeña —sugirió tratando de ablandarlo.

—Quieres decir más pequeña —sonrió—. Lo siento, pero me es imposible —dijo Teón tajante—. ¿Has visto todo el ajetreo que tengo aquí? —añadió señalando los pergaminos del suelo.

—¿No decías que estaban «ordenados»? —replicó ella con ironía.

—Tengo que terminar el *pinakes* —insistió su padre refiriéndose al documento que recogía todos los libros y autores de la biblioteca en forma de índice—. Vamos, ayúdame, si te apetece. Aún me queda bastante trabajo —confesó mientras ambos se disponían a ordenarlo todo.

Hacía varios años que la Biblioteca del Serapeo estaba a cargo de Teón. No era tan grande ni tan concurrida como lo había sido la famosa Gran Biblioteca de Alejandría; tampoco tenía el mismo número de volúmenes, pero seguía conservando el prestigio de sus mejores tiempos.

El «museo», tal y como se bautizó en primera instancia la biblioteca, era un verdadero templo del saber levantado por los herederos de Alejandro Magno, pocos años después de que este hubiera fundado la ciudad que llevaría su nombre. Quizás era un gesto que denotaba una cierta megalomanía, pero aquel rey macedonio instruido por el propio Aristóteles, y que sería recordado como el «más grande», logró extender su imperio desde los Balcanes hasta los confines de India, incluyendo Grecia, Egipto, Turquía y Persia. Su poder militar fue inigualable, como lo fue también su interés por la ciencia y el conocimiento en general. El llamado periodo helenístico, que se abrió durante su época, sería la cuna de la cultura y la ciencia de gran parte de la humanidad durante miles de años.

Los reyes que le sucedieron siguieron apostando por la promoción del conocimiento, hasta que Ptolomeo II decidió fundar la Gran Biblioteca y la dotó de unos recursos económicos y materiales sin precedentes. Llegó a tener catorce mil estudiantes y entre setecientos mil y novecientos mil volúmenes, aunque algunos historiadores restan un cero a estas cifras.

SPHINX FROM THE SERAPEUM.

Por aquellas salas pasarían todo tipo de cerebros privilegiados. Compartirían la necesidad de responder a todas las cuestiones a partir de la razón y la observación, dejando a un lado las leyendas y los mitos del pasado, por innecesarios. En la época de Hipatia y Teón no quedaban ni la mitad de los volúmenes que había llegado a tener aquel templo del saber. Después de siglos de asaltos, ataques e incendios provocados por los invasores y saqueadores de la ciudad, solo se había podido conservar una parte, que finalmente había sido trasladada al Serapeo.

Sin embargo, en aquellos momentos ninguna otra biblioteca del planeta tenía tanta sabiduría recogida entre cuatro paredes: matemáticas, astronomía, filosofía, historia, medicina, anatomía, física, geografía, ingeniería... Se podían encontrar tratados de todas las disciplinas, y podría decirse que, casi, existía todo el conocimiento generado desde Tales, e incluso antes.

En muchos de sus volúmenes todavía se mezclaban ciencia y chamanismo, conocimiento y charlatanería, hechos y fantasía. Las primeras leyendas habían sido muy útiles a corto plazo para tranquilizar a un grupo nervioso; servían para consolar a una familia que vivía una mala experiencia; podían para dar respuesta a cada nueva pregunta; permitían cohesionar el grupo ante una amenaza; incluso habían sido de utilidad para despedir a aquellos que no podían seguir el camino. Pero a medio plazo la «magia» no podía ofrecer más que fábulas sin base empírica.

Algunos chamanes, por miedo a perder el estatus privilegiado que habían alcanzado a lo largo de los años, empezaron a adaptar las leyendas que explicaban a sus intereses personales. Fue así como profetas y charlatanes ocuparon enseguida los lugares más privilegiados de cada sociedad, tratando siempre de mantener bien controlado el poco conocimiento que tenían. Hasta que en Mileto aparecieron Tales y Anaximandro con su filosofía natural; y en China, Mozi y sus principios lógicos; y en India, Lalla y Brahmagupta, con unos planteamientos matemáticos avanzados. De forma casi simultánea esos primeros sabios fueron desplazando la palabrería de los centros de poder, aunque solo lo consiguieron durante cierto tiempo y en determinados lugares.

Hipatia y Teón eran los últimos miembros de una extraordinaria generación de científicos que habían convertido a aquella ciudad en la capital mundial del conocimiento durante seis siglos. Pero les había tocado vivir en una época clave para un cristianismo en alza que luchaba ferozmente contra el paganismo, tratando de realizar méritos ante el incipiente poder eclesiástico. Aquella oscuridad, que se había ido extendiendo por todo el Imperio romano, finalmente había llegado a Alejandría.

Mientras padre e hija seguían completando el *pinakes*, ese día de febrero de 391, en Constantinopla, Teodosio el Grande firmaba un nuevo decreto que tendría consecuencias inmediatas sobre el Serapeo. Con ese edicto, el emperador romano eliminaba la prohibición que impedía que los cristianos entraran en los templos paganos. Por sí sola, esta norma ya parecía una invitación a los disturbios, pero, por si fuera poco, también eliminaba cualquier castigo para los sacrificios con sangre contra el paganismo.

Sin embargo, los dos sabios no debían temer por su vida, de momento. Durante cierto tiempo podrían vivir bajo la protección de Orestes, el prefecto de la ciudad, que mantenía una dura pugna con el patriarca Teófilo. Aun así, la cruzada iniciada por Teófilo a partir del decreto de Teodosio pudo respetar la vida de los últimos filósofos de la escuela neoplatónica, pero no sus obras. Al cabo de unas semanas, el Serapeo, incluida su biblioteca, sufriría un ataque devastador.

Hipatia no había podido dormir en toda la noche. Durante la tarde anterior ya se notaba un ambiente tenso en la ciudad y su padre le había pedido que volviera a casa antes de lo habitual. Aún no habían terminado el *pinakes*, y ambos solían quedarse en la Biblioteca del Serapeo hasta la madrugada.

Aquella tarde, sin embargo, habían tenido que dar por terminadas sus tareas antes de la hora habitual. La noticia del decreto promulgado por Teodosio el Grande había tardado unas semanas en llegar a Alejandría, pero al hacerlo se había extendido como la pólvora por todos los barrios de la ciudad. El patriarca Teófilo había ayudado decisivamente a difundir las novedades sobre el tratamiento que recibiría el paganismo en todo el Imperio romano a partir de entonces.

En el recinto del Serapeo todo el mundo estaba muy nervioso. Quien más, quien menos sabía que los seguidores de Teófilo no desaprovecharían la oportunidad que les brindaba ese nuevo decreto. En aquella ocasión, ni siquiera la firmeza de Orestes podría proteger los templos de esa zona de la ciudad.

A pesar de la tensa noche vivida, Hipatia se había estirado un rato para tratar de descansar. La madrugada había tenido cierta apariencia de tranquilidad, y durante unas horas podría haber parecido, a ojos de un visitante extranjero, que la ciudad vivía en armonía. Pero con los primeros rayos de Sol de la mañana volvieron a empezar los gritos y los ruidos en la calle.

Hipatia se levantó de un salto y se asomó por la ventana. Una multitud de cristianos iba calle abajo en dirección al Serapeo. Muchos llevaban palos y antorchas, y desde su ventana incluso le pareció ver algún arma escondida bajo las túnicas. En ese momento solo podía pensar en la seguridad de su padre.

Bajó corriendo las escaleras y trató de salir a la calle por la puerta principal. Pero no tuvo tiempo de terminar de abrirla, porque notó como un brazo la estiraba hacia dentro y cerraba la puerta con una patada.

—¡Déjame ir! —gritó asustada.

—No puedo —respondió Parvin.

—¡Déjame, te digo!

—Lo siento, señora, pero no puedo dejarla salir. Espere a que pase la multitud —insistió el esclavo.

—No puedo esperar. ¡Mi padre está en el Serapeo!

—Si pone un pie en la calle no podré protegerla —insistió el corpulento responsable de su seguridad—. Pero hay otra forma.

El esclavo cogió a Hipatia de la mano y le hizo cruzar toda la casa hasta la parte posterior. Una vez en la cocina, le dio una vieja túnica y le pidió que se la pusiera. Hipatia obedeció de forma diligente. Parvin no supo apartar la vista de su cuerpo mientras ella se desnudaba. En cualquier otro momento podría haber pagado esa actitud con la muerte, pero si, ese día, alguien debía temer por su vida no era el criado.

Luego tomó un par de bastones y se escondió una espada bajo la túnica. Cuando su ama ya se había cambiado, le sacó el colgante que llevaba en el cuello, y que podía delatarla, le cubrió la cabeza con un pañuelo y le dio uno de los palos que había preparado.

—Así no —corrigió al ver que Hipatia la usaba para apoyarse como una anciana—. ¡Así! —le indicó con firmeza mientras le enseñaba a cogerle como un garrote—. Nos mezclaremos entre la multitud que va hacia el templo. Será mucho más rápido, y sobre todo más seguro —explicó finalmente.

—Gracias, Parvin —dijo Hipatia, que quizás era la primera vez que se dirigía a él por su nombre.

Salieron por la calle trasera. Aunque también había gente, era mucho más tranquila. Siguieron por ese camino paralelo al recorrido de la multitud durante un centenar de metros, hasta que llegaron a una esquina. El griterío era ensordecedor. No se podía entender con claridad lo que decían. Pero tampoco hacía falta tener mucha imaginación para comprender que la mayoría de los gritos eran amenazas contra los paganos de la ciudad.

Parvin sujetó con fuerza la mano de su señora y la miró a los ojos.

—¿Vamos?

—¡Vamos! —dijo ella justo antes de sumergirse en ese río de locura e ignorancia.

Mientras caminaban entre la multitud, Parvin no soltó ni un solo segundo la muñeca de su señora. Hipatia conservaría las marcas de los dedos de su esclavo durante días, pero en ese momento no sintió el dolor. Solo estaba preocupada por su padre, que la noche anterior había decidido quedarse un rato más en la biblioteca para tratar de terminar su índice de libros, y le asustaba pensar que se hubiera pasado allí toda la noche.

El corazón de Hipatia latía más rápido de lo que lo había hecho nunca. A medida que se acercaban al Serapeo iban descubriendo los estragos causados por la turba de cristianos que les precedía; las casas quemadas y los comercios saqueados se iban sucediendo cada vez con más frecuencia. No paraban de cruzarse con gente que huía con lo que llevaban encima en medio de insultos, golpes y vejaciones. Ella miraba fijamente a los ojos de los paganos perseguidos, y solo respiraba cuando descubría que no eran los de su padre.

Hipatia nunca olvidaría el espectáculo que contempló cuando llegaron al recinto del Serapeo: un centenar largo de personas estaban derribando el monumento dedicado a Diocleciano, un acto de venganza contra aquel emperador de amargo recuerdo para los cristianos. Aún no hacía ni un siglo que quien había ocupado el trono de Roma ordenó una cruzada contra el cristianismo, y ahora, los creyentes objeto de su persecución respondían con la misma moneda. En ese mismo lugar levantarían una iglesia dedicada a san Juan Bautista, que cinco siglos más tarde también sería derribada por los musulmanes para construir una mezquita.

La última neoplatónica se quedó unos instantes perpleja, contemplando esa locura. Nunca había visto aquella rabia y odio ardiendo en los ojos de quienes estaban tratando de derrocar el monumento a Diocleciano. Pero enseguida se despertó de aquella extraña pesadilla. «¡Padre!», gritó internamente, se deshizo de la mano de Parvin y corrió hacia las dependencias del estudio de Teón. A pesar de que salía humo por la puerta, trató de entrar, pero de nuevo el fuerte brazo del esclavo se lo impidió, justo a tiempo para evitar que una viga de madera a media combustión se le cayera delante.

—Por aquí —sugirió Parvin señalando una entrada lateral.

Pero tampoco pudieron avanzar demasiados metros. El fuego y el humo provenientes de miles de papiros les impedían acercarse a la sala donde creían que estaba Teón. Cuando dieron media vuelta, se encontraron a un par de hombres armados que les cerraban el paso. Instintivamente, Parvin se puso la mano bajo la túnica para sacar su espada.

—¡Deteneos! —gritó una voz con un tono autoritario—. Salid de aquí. Id a ayudar al resto con la estatua —ordenó Sinesio entrando en la sala.

Sinesio de Cirene era uno de los hombres que, quizás a regañadientes, había conducido a aquella multitud hacia el Serapeo. Hacía unos años que vivía en la ciudad, y durante ese breve período de tiempo había recibido formación en astronomía por parte de Hipatia y había trabado una estrecha amistad con Teófilo, que años más tarde le nombraría obispo.

Si Parvin e Hipatia se encontraban entre las llamas y una multitud enloquecida, Sinesio se encontraba entre la filosofía neoplatónica, que admiraba, y un cristianismo que acabaría abrazando como única fe. Hasta el día de su muerte trataría de reconciliar, sin éxito, esas dos formas de entender el mundo, pero todavía faltaba mucho para todo aquello. Aquel día, se había limitado a conducir parte de la multitud de cristianos hacia el Serapeo con la esperanza de poder evitar algún daño. Y, de momento, lo había logrado.

—Sinesio —dijo Hipatia, perpleja de encontrarlo en ese momento—. ¿Qué haces aquí?

—Es largo de contar y no tenemos tiempo que perder. Debéis salir enseguida.

—¡No me marcharé sin mi padre! —aseguró la matemática.

—Tu padre se ha ido hace rato, mucho antes de que llegarais. He ordenado que lo alertaran antes del amanecer.

—Entonces, ¿dónde está ahora?

—Creo que ha ido en dirección al puerto. ¡Vete! No puedes entretenerte más aquí —aseguró mientras los conducía hacia una salida segura.

—Gracias —dijo ella.

—De nada —respondió su alumno, y después de una corta pausa se despidió—. Y hasta siempre.

—¿Cómo? —preguntó Hipatia deteniéndose un instante.

—Esta ciudad ya no puede ofrecerme lo que había venido a buscar —confesó mientras miraba los escombros de la biblioteca—. Parto hacia Atenas esta misma noche. En cualquier caso, soy yo quien te debe dar las gracias. Despídeme de tu padre también, ambos me habéis hecho descubrir una forma diferente de entender el mundo.

—Espero que tengas suerte, Sinesio, y que encuentres lo que buscas —le deseó su mentora antes de darle un beso en la mejilla.

Hipatia ya no volvió a mirar atrás, pero al salir de la biblioteca tropezó con el astrolabio que su padre solía tener en las salas de estudio que ocupaba. Estaba todo dañado y abollado. Ni siquiera aquella herramienta se había podido salvar, pese a las esperanzas que había confesado Hipatia tiempo atrás.

Parvin volvió a coger la mano de su señora y empezó a conducirla hacia el puerto. Cuando no habían recorrido ni veinte metros se les añadieron un par de miembros de la guardia personal del prefecto Orestes, enviados para proteger a Teón y a su hija durante aquellos disturbios.

Aquello tranquilizó momentáneamente a Hipatia, pero la calma duró poco. En cuanto llegaron al puerto pudo ver a su padre subido a un barco, hablando con lo que parecía el capitán de la embarcación.

—¡Padre! ¡Padre! —gritó empezando a correr hacia él.

Cuando Teón la vio se despidió de ese hombre y bajó de la nave.

—¡Padre! ¿Estás bien? —dijo ella mientras se lanzaba a sus brazos.

—Sí, por supuesto. Sinesio me ha hecho avisar y he podido marcharme antes que llegara la multitud.

—¿Y qué hacías en el barco? ¿A dónde vas? —preguntó Hipatia casi sin aliento.

—¿Cómo que a dónde voy? —respondió Teón mientras la tripulación retiraba la plataforma y soltaba amarras—. A ninguna parte. ¿A dónde quieres que vaya sin decirte nada?

—No sé, cuando te he visto en el barco hablando con ese hombre... —explicó cogiendo aire—. Bueno, ahora ya no importa.

—¿Creías que me marchaba? —sonrió—. No. Este es mi sitio. Pese a todo. —añadió mirando las columnas de humo que salían de diferentes lugares de la ciudad.

—Me has preocupado mucho esta mañana.

—Lo sé, y lo siento, pero en cuanto me han avisado de los disturbios he venido corriendo hacia aquí. Hubiera querido avisarte, pero no podía perder tiempo.

—¿Por qué?

—Mira —señaló mientras el capitán del barco, que ya estaba alejándose del muelle, les saludaba—, al menos el *pinakes* ya viaja hacia un sitio seguro.

—¿De verdad? —dijo ella girándose hacia a su padre—. ¿Has podido salvarlo?

—Sí, pero poco más va a sobrevivir. Algunos volúmenes que me llevé a casa hace unos días y para de contar.

—No sé si va a servir de mucho la lista de libros si los volúmenes originales se pierden, ¿no?

—Eso es como querer salvar mi comentario del *Hé megalé syntaxis* sin salvar la obra de Ptolomeo, ¿verdad? —respondió irónicamente su padre—. Al final, para poder salvar mi comentario he tenido que salvar la obra original también —confesó irónicamente tratando de arrancarle una sonrisa a su hija.

—¿De verdad? —preguntó ella esbozando un poco de esperanza en su mirada—. ¿Y hacia dónde van? ¿Rumbo a Pérgamo? ¿A Edessa? —preguntó Hipatia, refiriéndose a la segunda y tercera bibliotecas más importantes del Mediterráneo en aquellos momentos, y que ya habían recibido parte de la colección de Alejandría en siglos anteriores.

—No. ¿Crees que allí no van a sufrir la misma persecución que aquí? Quién sabe si allí también están tratando de salvar lo que puedan ahora mismo. No. He decidido enviarlo todo hacia Ctesifonte, en Persia. Y tampoco puedo estar del todo seguro de que allí sean salvaguardados para siempre. La oscuridad de estos tiempos no la detendrá un desierto.

—No seas tan pesimista, el cristianismo no llegará a todo el planeta.

—El problema no es el cristianismo, hija.

—Pues a mí me parece que sí —confirmó Hipatia mirando a la ciudad.

—No, cuando esa creencia pase de moda se inventarán otra.

—¿Quién?

—Los charlatanes, ¿quién sino? Buscarán otros dioses u otras banderas para seguir manteniendo a la gente bajo su

control. No lo dudes. ¿Por qué crees que siempre nos han tenido en su punto de mira?

—¿Por nuestro paganismo?

—¡No! No es eso lo que les da miedo. Lo que temían era la biblioteca, el conocimiento. Es la única arma que puede derrotarles. Son inmunes a flechas y lanzas, pero no a la ciencia —explicó dejándose caer sobre un noray donde estaban las cuerdas de un par de barcos atracados—. Lo hemos tenido tan cerca. Tan cerca de los dedos.

—¿De qué hablas? —preguntó Hipatia mientras le ayudaba a sentarse.

—De la biblioteca. Nos ha faltado muy poquito, uno o dos siglos más a lo sumo. Quién sabe dónde podría haber llegado la humanidad si no nos hubieran derrotado —admitió mientras su hija trataba de consolarle abrazándole por detrás—. Me siento como si hubiera fallado a todos los directores de la biblioteca que me han precedido.

—¡Eso no es verdad, papá! No quiero que hables así.

—Lo siento, pero tengo esa sensación. Es tanto lo que se ha perdido. Es tanto el trabajo que caerá en el olvido desde la época de Eratóstenes —insistió—. Él fue de los primeros directores de la biblioteca. Él midió la circunferencia de la Tierra, ¿sabes cómo? —preguntó Teón.

—No, ¿cómo lo hizo? —mintió Hipatia sabiendo que su padre tenía ganas de contarlo de nuevo.

—Pues un día le llegó la noticia de que en la ciudad de Syene —posteriormente llamada Asuán— durante los solsticios de verano el sol se reflejaba en el fondo de los pozos de agua más profundos, y los objetos no dibujaban sombra alguna en el suelo. Aquellos fenómenos, que en Alejandría no podían observarse, le tuvieron ocupado bastantes días, hasta que llegó a la conclusión que la Tierra no podía ser plana, como todo el mundo creía, porque si lo fuera las sombras se proyectarían con la misma inclinación en todo el planeta.

—Claro.

—Entonces, el mediodía de un 21 de junio plantó un bastón en el suelo, aquí en Alejandría, y midió la sombra que proyectaba. Luego hizo que un criado suyo fuera caminando hasta Syene y contara todos los pasos que daba. ¿Te lo imaginas? ¡Cinco mil estadios caminó aquel pobre hombre sin perder la cuenta!

—¿Y después?

—Entonces, con la distancia entre las dos ciudades y el tamaño de la sombra de ese bastón de madera, calculó que la circunferencia de la Tierra debía ser de doscientos cincuenta mil estadios —unos 39 225 kilómetros, muy cerca de los 40 008 kilómetros que mide—. Increíble, ¿verdad? —concluyó girándose hacia Hipatia, que asentía con la cabeza—. Pues todo esto será olvidado.

—No todo está perdido, padre —dijo intentando animarle.

—¿De verdad? —respondió, mirando preocupado a las columnas de humo que salían del Serapeo.

—Pueden quemar libros, pero no pueden quemar la curiosidad. Siempre habrá alguien que se hará las mismas preguntas que nos hacemos nosotros. Eso no podrán impedirlo.

—Ojalá tengas razón, hija.

—No se puede impedir que la gente mire hacia el cielo, papá. Y cuando miras a las estrellas no puedes evitar hacerte preguntas. No sé cuánto tiempo pasará, pero llegará otra generación que seguirá tu legado... —aseguró viendo que su padre la miraba con cara de reprobación—, nuestro legado. —corrigió de inmediato— Aunque tengan que pasar mil años. Te lo prometo.

Teón ya no dijo más. Le dio un fuerte abrazo y un beso en la frente a Hipatia y ambos se quedaron en el puerto, mirando como la nave que transportaba aquellos pergaminos se alejaba hasta desaparecer.

Ninguno de los dos se equivocaba en sus predicciones. Efectivamente, el cristianismo ya se había convertido en la religión del Imperio romano y, como religión de Estado, no dio tregua a ninguna de las otras formas de entender el mundo. No pasarían muchos años antes de que todo el contenido de la Biblioteca de Pérgamo tuviera que trasladarse a Gundixapur, también en Persia.

Teón moriría en el año 405, y su hija, diez años después. Durante el mes de marzo del 415, Hipatia fue asaltada, torturada y asesinada por una multitud de cristianos en las calles de Alejandría. Pero su esperanza de que el conocimiento es imposible de derrotar se confirmaría en innumerables ocasiones durante los siguientes mil años.

La ciencia brota y florece donde hay libertad. Donde la luz de la duda no se ve atenuada por la oscuridad del dogma. El este del Mediterráneo había sido durante cerca de diez siglos el lugar ideal para que floreciera esa forma de conocimiento. Ahora, otro mar, un mar hecho de arena, estaba listo para tomarle el relevo. Mientras la oscuridad se extendía por Europa y el Mediterráneo, justamente muy cerca de Babilonia, allí donde Tales había iniciado ese interminable camino hacia el conocimiento, se estaba reuniendo una nueva generación de sabios que acabaría teniendo un papel decisivo en el futuro de todos los *Homo sapiens*, independientemente de las creencias que profesaran.

ВВЕДЕНIЕ.

4. UN OASIS EN MEDIO DEL DESIERTO

Bayt al-Hikmah (Bagdad), 20 de febrero del 849

—Y así fue como aquel joven valiente pero escuálido, gracias a su infinita curiosidad, y también a la fortuna —añadió mientras todos sonreían—, pudo acumular una enorme riqueza, que supo administrar con inteligencia. Repartió grandes cantidades de oro entre todos los ciudadanos de Bagdad, especialmente entre aquellos que, como él, eran de origen humilde. Y, con los años, incluso acabaría convirtiéndose en el visir de la ciudad —dijo Hunayn ibn Ishaq para concluir su relato.

—¡Bravo! —estallaron unánimes los más de sesenta comensales.

—¡Muy bien! —gritaban otros.

Todo el mundo mostraba a su manera la admiración por el cuento que Ibn Ishaq, uno de los médicos más respetados de la Bayt al-Hikmah, había elegido esa noche para amenizar la cena. Todo el mundo, menos dos personas: Muhammad el Gahshigar, que seguía concentrado en un rincón tratando de transcribir el cuento que acababa de oír, y el joven Thabit, que trataba de asimilar en silencio todo lo que iba descubriendo.

La verdad es que todo lo que aquel joven había visto y oído durante la última semana en Bagdad había superado con creces sus previsiones más optimistas. Estaba casi abrumado por la belleza y las dimensiones de aquella ciudad, y también por el nivel de los estudiosos de la Casa de la Sabiduría que había podido conocer hasta entonces.

Aquella había sido su primera cena en grupo, una reunión que congregaba semanalmente a los miembros de la Bayt al-Hikmah y que servía para distraerse un rato y fortalecer los lazos comunes.

—¿Te ha gustado? —le preguntó un hombre de avanzada edad que se sentaba justo a su lado.

—Mucho. Gracias —respondió tímidamente.

—Pues ve preparando un cuento para la próxima cena.

—¿Cómo ha dicho?

—Que prepares alguna leyenda o fábula para el próximo día. Es una tradición que los nuevos, y no tan nuevos —matizó en referencia a Hunayn ibn Ishaq—, cuenten historias de sus lugares de origen.

—¡Menudo reto! No sé si estaré a la altura.

—Pues no tienes otro remedio que estarlo. Muhammad el Gahshigar tiene mucho trabajo recopilando todos los cuentos y poemas que contamos. —Sonrió—. De esta no te escapas. Seguro que ya está deseando oír alguna historia de Harran.

—Disculpad, pero ¿cómo sabéis que soy de allí? —preguntó sorprendido.

—Eres Thabit, ¿no?

—¿Y cómo sabéis mi nombre?

—No somos tanta gente aquí. Aunque ya soy algo viejo, todavía puedo recordar sesenta o setenta nombres perfectamente. O incluso más. —respondió el hombre con ironía.

—Pero no nos han presentado.

—Los hermanos Banu Mussa me han hablado de ti y de tu talento con los números —añadió, lo que hizo enrojecer al chico—. Pero tienes razón; me presento, Muhammad ibn Mussa al-Khwarizmi, para servirte —desveló aquel hombre cubierto por una elegante túnica de rayas rojas y doradas.

—¿Usted es el gran Al-Khwarizmi?

—No, yo solo soy el viejo Al-Khwarizmi —bromeó.

—¡Sois el matemático más grande de Bagdad! Hacía rato que intentaba localizaros y os he tenido toda la cena a mi lado.

—Si hubieras empezado por presentarte...

—Tenéis razón. Me llamo Thabit ibn Qurra, como ya sabéis. Y he venido porque quería conocer su trabajo. A mí también me han hablado mucho de usted los hermanos Banu Mussa.

—Pues ya me has conocido. Ahora, si me permites, me retiraré pronto a mis dependencias. Estas veladas ya no son para mí.

—Pero... —dijo impaciente el chico.

—Calma. Ya tendremos tiempo. Mañana por la mañana si quieres. Puedo hacerte de guía por las diversas salas de la Bayt. ¿Te parece bien?

—Será un inmenso honor para mí. Gracias.

—Pues ya está decidido —confirmó despidiéndose—. Me voy antes de que llegue ese pesado, en mi país no tenemos suficientes leyendas para saciar su curiosidad —añadió antes de retirarse—. ¡Mira! Ya te he avisado.

—¿Thabit? Thabit ibn Qurra? ¿Eres tú, chico? —preguntó acercándose Muhammad el Gahshigar.

Al-Khwarizmi se marchó escaleras abajo sonriendo mientras el joven que acababa de conocer intentaba, sin éxito, excusarse de la curiosa recopilación que hacía El-Gahshigar de cientos de fábulas y leyendas originarias de todo el mundo y que acabarían dando lugar a *Las mil y una noches*.

Thabit apenas pudo dormir en toda la noche. Estaba realmente excitado, así que se levantó con los primeros rayos de sol que vio entrar por la ventana de su habitación. Sin ni siquiera desayunar, bajó las escaleras de dos en dos para reunirse con su mentor, pero cuando llegó al patio central no vio a nadie. Un poco decepcionado, decidió esperar dando una vuelta por ese templo del conocimiento. «Quizás me he levantado demasiado temprano», pensó.

En el claustro, solo la fuente de agua que había en el centro rompía el silencio, y tampoco en las salas que comunicaban con aquella ágora podía oírse ni una mosca. Contrariamente a lo que creía, no había sido el primero en levantarse; de hecho, fue descubriendo a muchos otros colegas que habían madrugado tanto o más que él y ya estaban aprovechando el tiempo.

Había gente de todas las procedencias y culturas: cristianos, judíos, musulmanes, e incluso personas de extraña apariencia que leían textos escritos en unos incomprensibles, para él, alfabetos provenientes de China e India.

Iba recorriendo las salas pensando que ni encadenando tres vidas seguidas podría leer todos los textos que había en aquellas librerías, altas como dos hombres y que requerían de largas escaleras para acceder a los estantes más elevados. Aquellas filas infinitas de documentos estaban a ambos lados de unos interminables pasillos, y en el centro había alfombras de todos los colores y texturas; la mayoría de estudiosos se sentaban para leer con la ayuda de unos atriles en forma de equis. No podía imaginarse un lugar mejor donde pasar el resto de su vida.

También había salas de estudio, de debate, aulas de experimentación, observatorios, salas de traducción y un largo etcétera que fue recorriendo, abrumado por lo que descubría, hasta que llegó al jardín.

Fue entonces cuando vio a su mentor. Estaba sentado en un banco, tomando el sol. Aquel edén, repleto de flores exóticas y fuentes de agua, era realmente precioso e invitaba a la calma y la reflexión. Le parecía increíble que pudiera existir un pequeño oasis como aquel en medio de una ciudad tan transitada y concurrida como el Bagdad de la época.

Al-Khwarizmi parecía haberse dormido, así que el joven se acercó discretamente y se sentó a su lado tratando de no hacer ruido.

—¿Ya estás aquí? —preguntó el sabio.

—Disculpad. No quería despertaros.

—No lo has hecho. Solo tomaba un poco el sol. No sabía que los jóvenes se levantaran tan pronto.

—Es que estaba impaciente. —Sonrió Thabit.

—Vamos, pues no perdamos más tiempo —le invitó Al-Khwarizmi levantándose—. ¿Qué has venido a hacer aquí? —preguntó.

—Estudiar, aprender... —dudó el chico ante esa pregunta.

—Sí, hombre, eso ya lo supongo. Me refería a qué tarea tienes asignada. ¿O todavía no tienes ningún trabajo?

—No, que yo sepa —negó Thabit, sorprendido.

—Tranquilo, Ahmad ibn Mussa ya hablará contigo. Pero de entrada debes saber que todos tenemos algún rol, ¿o creías que todo esto solo se había creado para tu disfrute? —explicó entrando al gran salón.

—Seguramente no —respondió modestamente.

—Evidentemente que no. Que hasta hoy todos los califas hayan invertido mucho dinero no significa que lo hayan hecho a cambio de nada. Está claro que les gusta que la ciudad más grande y rica del mundo tenga también el centro de estudios más importante, porque les da prestigio, pero también quieren algo a cambio.

—¿El qué?

—Muy poco, de hecho. Ellos asumen los costes de las expediciones para recopilar textos de todo el mundo, pero a cambio quieren que los traduzcamos al árabe desde el chino, el indio, el persa, el latín, el griego.

—Me parece justo.

—Sí, pero hay más. Nos construyen este templo del saber, nos pagan un sueldo, nos dejan que elaboremos y discutamos nuevas teorías, y nosotros ¿cómo les compensamos? Pues debemos formar su cuerpo de diplomáticos, burócratas, recaudadores de impuestos, ingenieros, arquitectos, médicos, etc. A menudo, incluso, nos piden consejo y asesoramiento. Podríamos decir que somos unos funcionarios más del califato. Como tú dices, es un trato lo suficientemente justo, vaya, al menos mientras se mantenga.

—¿Por qué no iba a hacerlo?

—No lo sé. En la corte cada vez hay más charlatanes. Algunos de nosotros ya no somos consultados con tanta frecuencia como antaño. El nuevo califa Al-Mutawakkil parece más interesado en la religión que en la ciencia.

—No son incompatibles.

—Probablemente, pero intenta explicárselo a los sabios europeos. ¿Crees que allí no hay bibliotecas y centros de traducción como este? Quizás no son tan grandes, pero hay muchos en número.

—Yo creía que este era el centro de estudios más importante del planeta.

—Y lo es, ¡no te quepa la menor duda! En Europa hay decenas de monasterios con bibliotecas, centros de estudio y traducción, y ninguna es tan grande como la Bayt, pero, si los sumas todos, quizás se acerquen.

—Entonces no es tan distinto, ¿no?

—Bueno, la diferencia entre ellos y nosotros es que allí se limitan a copiar y traducir literalmente todos los textos que les llegan.

—¿Nosotros no?

—¡No! ¿De qué serviría copiar un error? —exclamó—. Si en un texto original de Arquímedes, por ejemplo, detectas un error, ¿por qué motivo deberías transcribirlo igual? —argumentó señalando un estante en el que había un ejemplar de *El Método sobre los medios mecánicos para demostraciones geométricas*, del sabio de Siracusa y que sería conocido simplemente como *El Método*.

—¿Sugiere que quizás Arquímedes estaba equivocado?

—No he dicho eso. Digo que quizás el error es de una copia o de una traducción anterior, o también puede ocurrir que algunos planteamientos del libro hayan quedado superados por descubrimientos posteriores. Debemos ser críticos con todos los textos vengan de donde vengan, independientemente de quien los haya escrito. Vamos, justo lo contrario de lo que hacen los teólogos, que se limitan a repetir las palabras de unos hombres que decían hablar en nombre de Dios.

—La teología es importante.

—Seguramente, pero aquí hay gente de muchas tradiciones diferentes. Los dioses de cada uno de nosotros los dejamos en la puerta —dijo irónico—. Aquí dentro solo caben los hechos, las evidencias; también las dudas, claro está, y, sobre todo, las matemáticas —añadió orgulloso.

—Me interesan mucho las matemáticas —confesó Thabit.

—Lo sé, me lo han dicho. Las matemáticas son el idioma universal, ¿sabes? No importa que los astrónomos sean griegos, egipcios, sumerios, chinos, indios...

—O de Jiva —le interrumpió el joven en referencia a la lejana ciudad uzbeka donde había nacido su mentor.

—O de Jiva. —Sonrió—. Al final todos acabamos hablando el idioma de los números. Es un gran lenguaje, y cuanto más lo dominas más te das cuenta de que no puedes hacer trampas —bromeó—. Aquí encontrarás algunos de los mejores textos de la malograda Biblioteca de Alejandría. Menos mal que algunos de sus últimos directores salvaron tantos volúmenes como pudieron. ¡Mira! —dijo alargando un brazo para tomar un pergamino—. Los *Elementos* de Euclides, quizás uno de los libros más consultados de toda la Bayt. ¡Tienes suerte de que hoy nadie lo haya cogido, todavía! —Sonrió.

—También me interesa mucho la astronomía.

—También lo sé. Por eso te he llevado hasta esta sala. Aquí encontrarás textos venidos de todas partes. Es una de las ciencias más universales. Todo el mundo, viva donde viva, tiene un cielo estrellado sobre la cabeza y es imposible que tarde o temprano no se pregunte cuántas estrellas hay e intente contarlas.

—Caramba... —admitió abrumado Thabit, mirando la colección de astrolabios que había en una de las estanterías—. ¿Cuándo puedo empezar?

—Ahora mismo, si quieres.

—¿De verdad? Es que no sé ni por dónde hacerlo.

—¿Sabes leer sánscrito?

—No —confesó—, todavía —se apresuró a prometer viendo la expresión de desaprobación de Al-Khwarizmi.

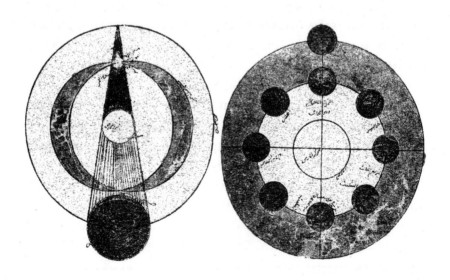

—Un día u otro tendrás que familiarizarte con las obras de Aryabhata y Brahmagupta, tanto en lo referente a la astronomía como a las matemáticas. Sin ellos no conoceríamos el número cero. Pero de momento podrías empezar por los textos en griego, como este —le propuso poniéndose de puntillas para coger unos pergaminos—. ¡Te encontré! Mira, el *Hé megalé syntaxis* de Ptolomeo; contiene algunos errores, pero es una muy buena base. Y puedes ampliarlo con ese otro —añadió señalando otro estante—. Es un texto que lo complementa y te ayudará a entenderlo; lo escribió Teón de Alejandría. Sin él, muchos de estos volúmenes no estarían aquí.

—Ups... —expresó, procurando que no se le cayeran los pergaminos al suelo.

—Cuidado, es el «peso» del conocimiento —bromeó—. ¿Pensabas que iba a ser fácil?

—Esperaba y deseaba que no lo fuera —respondió Thabit ibn Qurra, que esa misma tarde empezaría a devorar los textos que le había recomendado su improvisado guía.

Los encuentros entre los dos científicos y traductores se repetirían muy a menudo hasta la muerte de Al-Khwarizmi, al año siguiente. El sabio de origen uzbeko dejaría un inmenso legado en astronomía, geografía, aritmética, trigonometría, álgebra —palabra que inventó él mismo—, o en la adopción de la numeración india, que en gran parte del mundo se conocería como arábiga por la enorme influencia que tuvo en su divulgación.

Thabit ibn Qurra seguiría trabajando durante años en la Bayt al-Hikmah y vería cómo los malos presagios de su maestro sobre ese centro de estudio se irían cumpliendo progresivamente. Los siguientes califas, mucho más atentos a los charlatanes y a la religión, fueron perdiendo interés por la que puede considerarse la primera universidad de todos los tiempos. Pese a respetarla, no siguieron patrocinando la labor que se llevaba a cabo en ella. Lentamente, el último faro del conocimiento que todavía quedaba encendido se iría apagando y la oscuridad de la ignorancia cubriría todo el planeta.

La Bayt al-Hikmah viviría el mismo final que las bibliotecas de Alejandría, del Serapeo, de Pérgamo o de Edessa. En 1258, durante el sitio del ejercito mongol, aquella casa de la sabiduría, que había sido imprescindible para la conservación del hilo del conocimiento, sería completamente destruida. Afortunadamente, allí también había un «Teón»: el matemático, astrónomo, biólogo y filósofo Nasir al-Din al-Tusi trasladó antes del asedio de Bagdad, alrededor de cuatrocientos mil volúmenes de la Casa de la Sabiduría hasta el norte de Irán, en Maragheh, donde se fundó un observatorio astronómico de referencia mundial.

Al final Hipatia tuvo razón cuando vaticinó que quizás pasarían mil años antes de que una nueva generación de científicos retomase el hilo del conocimiento que parecía interrumpirse con la destrucción de la Biblioteca del Serapeo. De hecho, se quedó corta en sus pronósticos. Sin embargo, durante todo aquel entretiempo, tanto Bagdad

como otras ciudades de Iraq y Persia servirían de refugio y harían de enlace imprescindible entre aquellas dos generaciones de científicos europeos.

Antes de que ocurriera todo esto, Thabit ibn Qurra dedicó buena parte de su vida a traducir los escritos de Arquímedes y de Euclides. Su traducción de los *Elementos* del padre de la geometría sería, durante varios siglos, el segundo libro más leído de la historia, después de la Biblia.

También tradujo obras de Teón de Alejandría y el *Hé megalé syntaxis* de Ptolomeo, que decidiría rebautizar como *Al-majisti*, que en árabe significa «el más grande». Tan importante fue su labor que, en toda Europa, la principal obra de Ptolomeo sería conocida como *Almagesto*, de la versión en árabe de su nombre, y no con el título original griego.

Aquel texto, como todos los demás, sería incapaz de esquivar la oscuridad que sumergía Europa desde hacía siglos. Sin embargo, acabaría recalando en los estantes de varios monasterios. Las traducciones al latín a partir del texto árabe de Ibn Qurra y del resto de sabios de la Bayt al-Hikmah llegarían al Viejo Continente haciendo escala en Córdoba y Toledo, para finalmente acabar escondidas y ocultas en diversas bibliotecas europeas, a las que, a menudo, solo algunos charlatanes tendrían acceso. Allí pasarían años. Siglos. Esperando una nueva oportunidad. Ocultas en la más absoluta de las oscuridades. Pero no para siempre. Nadie podía imaginar que todas aquellas obras volverían a ver la luz gracias, precisamente, a un charlatán al que los planes no le salieron tal y como había imaginado.

5. UN GIRO DE GUION INESPERADO

Estrasburgo (Sacro Imperio Romano), 6 de abril de 1439

Llovía. Hacía días que llovía. Semanas. Algunos decían que llevaba años lloviendo, pero no era cierto. Aquella afirmación no la causaba la frecuencia ni la intensidad de las precipitaciones, sino el desánimo general. Un abatimiento causado por la oscuridad que cubría todo el continente y que parecía eternizar el mal tiempo. Pero no puede decirse que aquella fuera una primavera especialmente lluviosa en Estrasburgo ni en sus inmediaciones. Si acaso era una primavera gris, como ya se habían vivido muchas. Demasiadas.

Europa atravesaba el momento más duro de ese largo y crudo invierno que hacía siglos que duraba. El oeste del continente estaba inmerso en un conflicto sin fin que los libros de historia bautizarían como la guerra de los Cien Años. Las disputas entre reinos eran constantes, interminables, y eso sin contar las inacabables guerras y cruzadas religiosas que asediaban Europa. Sin embargo, la guerra no era el peor de los males.

Un enemigo muy pequeño, invisible para los ojos humanos, había causado más muertes que la suma de todos los conflictos europeos juntos. Aquel asesino microscópico cabalgaba a lomos de unos roedores que inundaban pueblos y ciudades, y gracias a las pulgas saltaba de un animal a otro causando estragos por doquier. También entre los humanos, por supuesto. La *Yersinia pestis*, que es como se llamaba aquella pequeña pero mortífera bacteria, había sido la responsable de la mitad de las muertes en muchas regiones europeas.

No era un enemigo invencible, ni mucho menos. En siglos posteriores dejaría de ser un rival temible para convertirse en una rara molestia. Pero, para una sociedad ignorante, analfabeta, atemorizada, pobre y gobernada por interminables generaciones de charlatanes, ese microorganismo podía ser la encarnación del mal, metafóricamente hablando, claro.

Aun así, algunos quisieron hacer creer que era literalmente un mal llegado desde el infierno y dirigieron todo su odio e ignorancia hacia un gran abanico de presuntos culpables: judíos, musulmanes, creyentes de otras sectas y cualquiera que pudiera ser tachado de infiel. Algunos de esos charlatanes incluso se creían sus acusaciones. De hecho, tampoco tenían otra explicación para el origen de aquella plaga: los únicos que podrían haberles ayudado habían sido, precisamente, los primeros contra quienes habían dirigido sus prejuicios.

La peste se había propagado por todo el planeta, al igual que lo habían hecho las persecuciones contra la ciencia. Los libros de Mozi, en China, habían sido los primeros en pasar por las llamas de quien quería imponer una visión única del mundo. Luego quemarían las bibliotecas del Mediterráneo y también las universidades del mundo árabe; unas y otras acabarían convertidas en ceniza, consumidas por el fuego del dogmatismo.

Aquella mañana de primavera en Estrasburgo, como en cualquier otro lugar, nada hacía pensar que el curso de la historia pudiera dar un giro inesperado. Y menos aún que uno de sus responsables sería, precisamente, esa bacteria que tantos estragos había causado.

Hacia las once de la mañana, en la Brüder Straße, todo el mundo estaba completamente mojado por la lluvia. Los pies embarrados, la cabeza gacha, la mirada triste. De repente, un orfebre originario de Mainz giró la esquina. Era el único que sonreía ligeramente. También estaba empapado, sucio y lleno de barro como el resto, pero bajo el brazo llevaba un pequeño barril de cerveza y en la cara dibujaba una tímida sonrisa.

Avanzaba ligero volviendo a casa para celebrar que las cosas, al menos para su familia, podían mejorar a corto plazo. Tenía un negocio entre manos que debía reportarle grandes beneficios. O eso creía.

Cuando llegó a la plaza de la catedral, algo le distrajo de sus pensamientos. Había un gran alboroto. Decenas de personas se estaban reuniendo alrededor de la puerta del templo. Así que decidió acercarse, atraído por la curiosidad. «Será un nuevo edicto del alcalde», pensó.

Efectivamente. Uno de los funcionarios empezó a leer una lista de prohibiciones para combatir el enésimo brote de peste. Algunas eran nuevas; otras, solo un recordatorio de edictos anteriores. Prohibido besarse, prohibido cogerse de la mano, prohibido importar telas provenientes de otras regiones, prohibido pernoctar en la ciudad —norma que solo afectaba a los judíos— y un largo etcétera que el orfebre feliz seguía atentamente sin perder la sonrisa... hasta el último punto.

—Queda pospuesta *sine die* la peregrinación a Aachen de este verano —leyó el funcionario público.

La reacción del orfebre fue inmediata: el barril se le cayó al suelo y su mirada se volvió tan triste como la del resto de ciudadanos congregados en la plaza.

—Pero, pero... —balbuceó acercándose a la puerta del templo—. La peregrinación no pueden suspenderla —le dijo al funcionario.

—Sí que pueden —le respondió este—. Ya lo han hecho. Aparte del nuevo brote de muerte negra, media ciudad está inundada. Esta lluvia que no cesa ha hecho desbordar el río, y tardarán un año, como mínimo, en arreglar los desperfectos —concluyó antes de marcharse.

El resto de ciudadanos fue abandonando el sitio uno a uno. Él, en cambio, se quedó plantado bajo la lluvia sin dejar de mirar el edicto hasta que uno de los soldados que acompañaba al funcionario le hizo reaccionar.

—¡Tú! ¡Vuelve a tu casa! ¡Este no es sitio para borrachos! —le ordenó mirando el barril de cerveza que tenía en el suelo.

Triste y desolado, empezó a arrastrar los pies de vuelta a su hogar. Cuando llegó, no dijo nada. Solo se sentó en la mesa y se quedó mirando el fuego fijamente.

—¡Hola, amor! ¿Ya has vuelto? —gritó su esposa desde la cocina—. ¿Qué ocurre? ¿Y la cerveza? —preguntó cuando le vio la cara—. ¿Qué ha pasado? ¡Vamos, di algo!

—Se ha suspendido.

—¿El qué?

—La exposición de reliquias.

—Pero ¿cómo es posible?

—Una inundación, un nuevo brote de fiebres... ¿Qué más puede pasarnos?

—No me lo puedo creer... —lamentó ella sentándose a su lado.

Los dos permanecieron en silencio un rato. Todos los ahorros familiares estaban invertidos en ese proyecto. Pero eso no había sido suficiente y habían tenido que pedir una gran suma de dinero para llevar a cabo ese negocio.

El orfebre de Mainz había aprendido el oficio de su padre, y este de su abuelo, y así hasta perderse en el tiempo a lo largo de generaciones; por eso era tan diestro con los metales. Y tuvo una idea brillante. Simplemente genial. «Será un negocio redondo. ¡Y la peregrinación a Aachen es una oportunidad única!», le había confesado a su esposa.

Se le había ocurrido fabricar unos pequeños espejos de oro capaces de captar los rayos de luz divinos. Todos los peregrinos querrían uno, aunque no pudieran pagarlo. Para conseguir un objeto mágico como aquel dejarían de comer o dar de comer a sus hijos si era necesario. ¿Quién no querría tener un rayo de luz del propio Creador dentro de una pequeña cajita de oro?

Era un negocio seguro. Había estado meses buscando la financiación para poder comprar todo lo necesario, y después había dedicado un montón de horas de trabajo. Incluso había empezado a planificar el viaje a Aachen.

Esa ciudad había acogido las coronaciones de casi todos los reyes del Sacro Imperio Romano desde Carlomagno. La exposición que debía celebrarse con las reliquias de aquel emperador atraería en peregrinación a miles de personas religiosas de todo el imperio con la voluntad de recibir alguna bendición divina que les ayudara a superar ese oscuro invierno sin fin; por eso el edicto que la suspendía había caído como un jarrón de agua fría sobre aquella familia.

—¿Y ahora qué? —preguntó finalmente su esposa.

—¿Qué quieres que haga? Puedo intentar venderlo, pero la gente no tiene dinero aquí. Nunca podré obtener el mismo beneficio. Puedo tratar de recuperar una parte de lo invertido, pero ¿y los préstamos? ¿Cómo los devuelvo?

—Habla con tus socios. Quizás lo entenderán.

—Seguro que lo entenderán. Tan seguro como que igualmente querrán recuperar el dinero invertido. ¡Ay, Señor!

—¿Y si les pides más tiempo? Solo se ha pospuesto, ¿no?

—¿Por qué deberían darme más tiempo?

—No lo sé, pero eres un gran orfebre. ¡El mejor! Yo confío en ti. Siempre tienes grandes ideas.

—De las ideas no se come.

—¿Y lo que me contaste el otro día? ¿Por qué no se lo explicas a ellos?

—¿De qué serviría? ¿No ves que no tenemos dinero? Primero he de recuperar lo que he invertido en esta empresa, devolverles su parte, y si entonces todavía confían en mí quizás les puedo proponer otro negocio.

—¡No son ellos quienes deben confiar en ti!

—¿Ah no? ¿Quién debe hacerlo entonces?

—¡Tú! —gritó Else— ¿No recuerdas cómo se te iluminaron los ojos mientras me contabas esa idea? «¡Es la mejor idea que he tenido nunca! ¡La mejor que ha tenido nunca nadie!», me dijiste. «Esto cambiará...».

—«... el mundo». Sí, lo recuerdo —admitió mientras le desaparecía tímidamente la oscuridad de la cara.

—Yo confío en ti. ¿Por qué a ti te cuesta tanto hacerlo? —le preguntó su compañera, poniéndole la mano en la mejilla.

—Aunque la idea les guste, el proyecto es muy caro. ¡Ríete de este! Encima de no poder devolverles el dinero, ¿qué hago, les pido más? ¿No ves que es imposible?

Johan Gutenberg

—¿Y si les propones ser socios? ¿No como un préstamo, sino que sean partícipes de los beneficios?

—Mmm... No sé si querrán.

—¿Es o no es la mejor idea que ha tenido nadie? —preguntó desafiándole mientras se levantaba, enérgica.

—No lo sé. Pero lo que es seguro es que se trata de la mejor idea que yo he tenido nunca —respondió él mientras le cogía las manos con fuerza.

Ese día ya no se dijeron nada más. Él no tardaría ni dos horas en sentarse a hacer los primeros esbozos de aquel nuevo invento. Sin saberlo, por accidente, acababa de dejar de ser un charlatán para convertirse en un inventor. Y no en un inventor cualquiera, sino en uno de los más recordados de todos los tiempos.

A finales de ese mismo año ya tenía terminada una primera propuesta. No había sido sencillo. Algunos de sus acreedores habían entendido y aceptado la demora a cambio de dejarles participar en aquel misterioso, pero posiblemente, lucrativo «proyecto secreto». Otros, en cambio, iniciaron un largo litigio que tardaría años en resolverse. Además, tuvo que buscar nuevos socios inversores, y hacerlo con prudencia, ya que la idea que tenía en mente era realmente buena y sabía que si llegaba a demasiadas orejas alguien podría adelantarse.

A finales de noviembre volvía a caminar por la Brüder Straße, haciendo el mismo recorrido de aquella fatídica pero trascendental mañana de abril de 1439. Las caras de la gente no habían cambiado en nada. Llovía, como siempre, pero el frío era mucho más intenso. Ese día, bajo el brazo no llevaba ningún barril de cerveza; llevaba unos bocetos que quería presentar a quienes acabarían siendo sus socios principales.

Cuando entró en la taberna donde había quedado, buscó a sus interlocutores sin éxito, y por unos instantes temió lo peor. De repente, desde una mesa vio levantarse a dos hombres y uno de ellos se le dirigió con curiosidad.

—Johannes Gutenberg, supongo —le preguntó.

—Yo mismo, para servirle —respondió el orfebre de Mainz.

Ya estaba hecho. Un nuevo invento estaba en marcha. Una vez listo, el *Homo sapiens* podría compartir el conocimiento a una velocidad y una escala nunca imaginadas. Era la herramienta que le faltaba a ese primate para poder, casi, tocar las estrellas con los dedos.

Los *Homo sapiens* habían demostrado, desde el primer momento, una imaginación infinita. Eran capaces de buscar patrones, signos, pistas a su alrededor que los guiaran hacia un refugio, hacia una fuente de agua potable o hacia el alimento. Buscaban, observaban, inspeccionaban, pero, sobre todo, copiaban. Aquella rama de los primates tenía una capacidad de imitación prodigiosa, imposible de comparar con la de ningún otro mamífero. Aquello los había llevado, a partir de un proceso de ensayo y error, a crear todo tipo de ingenios y estrategias.

Con esa capacidad, habían creado un gran arsenal de técnicas y herramientas de caza y recolección con el que conquistaron, literalmente, todo el planeta. No olvidaron ningún rincón. Fueron capaces de cruzar montañas, desiertos y océanos. Llegar hasta el horizonte, y una vez allí, cuando ya no les quedaba otro destino por alcanzar, levantaron la cabeza y la inmensidad del cosmos les abrió la mente a una infinidad de preguntas imposibles de responder con las herramientas de las que disponían. Ninguno de los artilugios inventados hasta entonces les servía para saciar su curiosidad.

Fue en ese momento cuando varios *sapiens*, ya sedentarios, crearon una de las herramientas más maravillosas de todos los tiempos: la escritura. Aquella herramienta les permitiría almacenar recuerdos de forma más fiable que su maravilloso, pero falible, cerebro. Y pronto descubrieron que aquella nave podía transportar conocimientos mucho más allá de los mares, ya fueran de agua, de arena o incluso de tiempo. Más aún: la escritura les permitía ordenar ideas complejas, pensamientos abstractos. Sentimientos.

Sin embargo, en ocasiones aquella herramienta resultaba poco precisa o incluso ambigua para determinados fines. Descubrieron que no podían anotar con precisión los ciclos estacionales, ni contar los rebaños, ni pesar las cosechas, ni planificar sistemas de regadío, ni dibujar edificios, ni contar las estrellas solo con la ayuda de las letras.

Los números, las matemáticas, serían la segunda pierna sobre la que empezaría a andar una nueva forma de conocimiento. Esta herramienta, junto con la escritura, permitiría que ese frágil homínido pudiera acercarse al conocimiento más rápidamente de lo que lo había hecho jamás.

Al principio lo haría a trompicones. Con pasos dudosos. Imprecisos. Pero que lentamente se harían más seguro. En todo el planeta, y de forma casi simultánea, surgieron filósofos que aprendieron a usar esas dos piernas de forma coordinada, descubriendo que los lenguajes numérico y alfabético eran complementarios.

Abandonar, total o parcialmente, el misticismo y tratar de entender el mundo por uno mismo desde cero, probablemente, fue uno de los saltos más complicados y arriesgados que tuvieron que dar esos *sapiens*. Tales y Anaximandro, en Anatolia, serían de los primeros en poner los cimientos de aquel regalo llamado ciencia. Pero también la sacerdotisa Tapputi en Sumeria; Arquímedes en Sicilia; Mozi en China; Aryabhata en India; Al-Khwarizmi en Bagdad; Alhazen en Egipto. Todos y cada uno de ellos fueron tejiendo unas normas básicas que acabarían confluyendo en un método. Un método riguroso, transparente, contrastable, democrático y objetivo para responder a todo lo que el género *Homo* se había preguntado desde sus orígenes.

Con aquellas extraordinarias primeras generaciones de científicos griegos, indios, chinos, persas y árabes, la humanidad ya podía entender el presente y aprender a leer el pasado. Pero para poder competir con los charlatanes, herederos de los primeros chamanes, también tenían que poder interpretar el futuro. Aquel, sin embargo, todavía era un reto inalcanzable con las herramientas de que disponían.

Los ejércitos de charlatanes que tenían delante aquellos primeros filósofos naturales habían crecido rápidamente y habían extendido su poder por todo el planeta. La oscuridad de su dogmatismo había ido apagando todas las luces que los *sapiens* habían encendido con esfuerzo y constancia. Muchos llegaron a pensar que la sombra de la ignorancia iba a durar eternamente, y no les faltaban motivos para creerlo.

Si los herederos de Tales de todo el planeta querían hacer frente a esa oscuridad, tenían que hacer algo que hasta el momento no habían conseguido: debían expandirse, multiplicarse, llegar a más gente. Debían crecer hasta alcanzar una masa crítica suficiente para poder plantar batalla y, quién sabe, incluso darle la vuelta a una guerra que estaban perdiendo estrepitosamente.

Para ello necesitaban una nueva herramienta. Un regalo muy especial llegado de manos de un charlatán reconvertido a inventor. Un ingenio capaz de copiar y distribuir cientos de textos que habían pasado más de mil años casi olvidados, escondidos en la oscuridad de las bibliotecas de monasterios y abadías. La imprenta de caracteres móviles sería, tal vez, esa arma definitiva contra la palabrería. Compartir el conocimiento podía, quizás, dar un giro total a la guerra contra la ignorancia.

Pero ningún explosivo es útil por sí solo. Necesita de otro elemento. Requiere de una chispa. Un detonante que encienda la mecha. Además de la imprenta hacía falta un percutor que pusiera en marcha una revolución aplazada durante demasiado tiempo. Una legión de libros esperaba, escondida en cientos de estanterías de decenas de monasterios de todo el continente, una señal para salir a la luz y poder plantar batalla a los charlatanes. Todo estaba listo para la llegada de una nueva y extraordinaria generación de científicos. Pero el detonante de aquella guerra tendría una apariencia muy inofensiva: se trataría de un pequeño y delicado copo de nieve.

Johannes Gutenberg, después de haber sellado el negocio más importante de su vida, pensó que sus problemas económicos habían terminado. No sabía que se pasaría hasta el día de su entierro inmerso en juicios y demandas porque no poder satisfacer todas las reclamaciones que tenía que afrontar. De hecho, no vería ni un solo céntimo de las primeras dieciséis biblias impresas, y vendidas, en 1456. Todos los beneficios irían a manos de sus antiguos socios.

Murió el día 3 de febrero de 1468 en su Mainz natal, solo y endeudado. Antes, sin embargo, tenía que materializar «la mejor idea que había tenido nunca», pensaba mientras salía de la taberna en la que había mantenido aquella trascendental reunión.

Se detuvo un instante en la puerta del local para abrigarse. Hacía mucho frío. Miró hacia el cielo nublado y paró la mano. Enseguida, la palma se le fue llenando de unos diminutos copos de nieve que empezaban a caer intensamente y que, con la ayuda de su invento, cambiarían el curso de la historia para siempre.

6. SE VIENEN CAMBIOS EN EL VIEJO CONTINENTE

Benatky (Bohemia), 23 de octubre de 1601

Kirsten Hansen no había pegado ojo en toda la noche. Sentada en una silla incómoda, se había pasado los últimos tres días en vela al lado de su compañero, tiempo más que suficiente para repasar mentalmente una accidentada vida en pareja.

Hacía ya treinta años que habían iniciado una relación que desde el primer momento disgustó a ambas familias. Su padre, pastor luterano, nunca aceptó que su hija conviviera, sin casarse, con ese noble caprichoso, inconstante, bebedor y con fama de poco trabajador. Y, evidentemente, la familia de él nunca accedió a que una mujer de origen humilde entrara a formar parte de uno de los linajes más importantes de Dinamarca. Así que su convivencia nunca llegó a formalizarse. Tampoco lo echaron en falta.

Recordando los primeros días de su relación, así como algunas de las anécdotas más inverosímiles y divertidas de aquellas tres décadas de «matrimonio», finalmente, ya de madrugada, había cerrado los ojos y se había dormido. Pero no por mucho rato, porque enseguida la despertó delicadamente su hija Magdalene.

—Madre, ¿está bien?

—Mmm... ¿Qué hora es? —balbuceó ella mientras abría los ojos.

—Es pronto todavía. Le subía el desayuno a papá cuando os he encontrado aquí, dormida —explicó ofreciéndole una taza de caldo caliente—. Beba, le irá bien. Debería descansar un poco. Seguro que está agotada.

—¿Cómo está tu padre? —preguntó Kirsten apartando la taza que le ofrecía su hija—. Ufff... —lamentó poniendo la mano en la frente de su compañero—. Aún está hirviendo como una olla. Tráeme más compresas frías.

—Ya lo he hecho —respondió Magdalene cogiendo un cubo con ropa que estaba cubierta de nieve.

—¿Y eso?

—He dejado las sábanas fuera unos minutos, pero hace un rato ha empezado a nevar otra vez y cuando me he dado cuenta ya estaban así —aclaró mientras su madre corría una cortina para ver el tiempo que hacía.

El paisaje que contempló desde su castillo, situado a treinta y cinco kilómetros de Praga, era completamente blanco. Llevaba días nevando; aquel temporal helado solo había ofrecido algunas cortas treguas, pero los ratos de tregua eran insuficientes para deshacer la nieve que se había ido acumulando.

Justo en el momento en que Magdalene ponía unas compresas frías en la frente de su padre, este se despertó repentinamente, asustando a madre e hija.

—¡Magdalene! —gritó mientras le cogía fuerte el brazo—. Tráeme la ropa, ¡tengo que ir a Praga de inmediato!

—¡Padre! ¿Pero qué dice? Si lleva tres noches...

—Haz lo que te digo, ¡caramba! —la interrumpió con un grito.

—¡Ni hablar! —intervino Kirsten—. Vuelve a meterte en la cama ahora mismo, ¡tonto! —dijo mientras le obligaba a volver a meter las piernas debajo de las sábanas—. Tienes los pies helados, hace una semana que tienes fiebre, has estado tres días seguidos inconsciente... ¡Hasta has estado delirando! Lo primero que haremos será llamar al médico, y él decidirá. Pero, de momento, tú no vas a ninguna parte.

—Kirsten —dijo él—. Mi preciosa y delicada Kirsten. No sabes cómo he llegado a quererte —añadió mientras madre e hija se miraban con sorpresa, dudando si todavía deliraba—. Esta vez no necesito un médico. Ningún «matasanos» puede ayudarme. Por favor, haced lo que os pido.

—Ni hablar. Yo también te quiero, y no sabes cómo me has hecho sufrir estos días. No irás a ninguna parte hasta que te vea el médico —sentenció ella mientras se sentaba en la cama y le acariciaba la barba con la mano.

—Por favor. Debo verle —dijo dejando caer la cabeza en la almohada, con la voz apagada y los ojos cerrados—. Es preciso que me reúna con él. Es muy urgente. Tenemos que hablar antes que sea demasiado tarde —repetía mientras el agotamiento hacía que volviera a dormirse.

—¿De quién habla? —preguntó Magdalene—. ¿Del rey?

—No, no lo creo. Su majestad Rodolfo II ya sabe en qué estado se encuentra tu padre. Yo misma le envié una nota respondiendo a su interés —aclaró la madre.

—*Ne frustra vixisse videar. ¡Ne frustra vixisse videar!*

—¿Qué dice ahora? —preguntó Magdalene, algo asustada por los delirios de su padre.

—Creo que vuelve a soñar despierto. Ha estado toda la noche diciendo lo mismo.

—¡*Ne frustra vixisse videar!* Es imprescindible que le vea.

—¿A quién quieres ver? ¿De quién hablas? —preguntó Kirsten, más para seguirle la corriente que con la intención de seguir su petición.

—Por favor —respondió él volviendo a abrir los ojos y agarrándose fuerte a las faldas de su amada—. Avísale, que venga rápido. No me queda mucho tiempo; he de verle hoy mismo. Es urgente. Por favor, Kirsten, amor mío. Te lo pido por favor.

—De acuerdo. Está bien. ¿A quién quieres que avisemos?

—A Johannes. ¡Tengo que hablar con Johannes Kepler! —confirmó justo antes de volver a adentrarse en el mundo de los delirios—. *Ne frustra vixisse videar* —siguió balbuceando Tycho Brahe mientras se dormía de nuevo.

—¿Kepler? —dudó Magdalene—. ¿Quiere ver a Kepler? ¿Justo ahora?

—Eso parece.

—¿Le avisarás?

—Claro, se lo he prometido.

—Ya lo haré yo, madre, pero no creo que venga. Aún estará muy enfadado. Ya sabes cómo terminó la última conversación que mantuvieron.

—No, hija, no te equivoques: aunque tu padre esté en este estado, ni Kepler ni nadie se atrevería a rechazar una invitación del gran Tycho Brahe. Maestro entre los maestros. ¡«Ojo de águila» Brahe! —dijo solemne—. Nunca olvides quién es tu padre.

Kirsten ya no dijo nada más. Fue enseguida a escribir una nota para que uno de los criados la llevara de inmediato hasta Praga, donde se alojaba Johannes Kepler desde hacía unas semanas. Ella tenía razón y sabía que, por mucho que la nevada se hubiese intensificado en las últimas horas, nadie podía rechazar la petición de uno de los científicos más importantes del siglo XVI, aunque también fuera uno de los más excéntricos de toda la historia.

El siglo XVI sería una época especialmente fría en Bohemia, y en Europa en general, así como en el resto del planeta. La Tierra llevaba dos siglos sufriendo lo que se llamaría la pequeña edad de hielo. Las temperaturas habían empezado a bajar de forma desigual en los diversos continentes. En el hemisferio norte el frío fue muy acusado y alcanzó latitudes poco acostumbradas a temperaturas tan bajas. Incluso el río Ebro se heló en varias ocasiones durante ese periodo.

El descenso térmico supuso un cambio drástico en el día a día de todas las personas, desde el punto de vista social, económico, alimentario, agrario, urbanístico, arquitectónico, y también en lo que respecta al ocio. Las temperaturas exteriores invitaban a pasar cada vez más horas en el interior de las casas. A salvo del frío. Cerca del fuego.

Refugiados en unos interiores cálidos, muchos buscaron nuevas distracciones y entretenimientos para pasar el rato: música, pintura, escultura, teatro... la cultura en general se benefició de estas nuevas costumbres de los hogares europeos, y, evidentemente, también lo hizo la literatura. Pero los libros eran un bien preciado y escaso, solo al alcance de unos pocos privilegiados. O, al menos, lo habían sido hasta que un orfebre alemán inventó una imprenta que tenía los caracteres móviles, lo que multiplicaba el número de ejemplares disponibles a la misma velocidad a la que reducía sus precios. Seguirían siendo un bien de lujo, pero poco a poco serían asequibles para más familias.

Así fue como algunos *sapiens*, cada vez más numerosos, empezaron a cultivar el hábito de la lectura. A menudo recuperando textos antiguos escritos por los primeros pensadores griegos. Algunos de esos libros provenían de las antiguas bibliotecas de Alejandría, Pérgamo, Edessa, y habían hecho una imprescindible escala en Bagdad y otras ciudades árabes y persas donde fueron preservados, traducidos y actualizados. Hacía más de mil años que aquellos textos esperaban una nueva oportunidad.

En medio de ese contexto nació Tyge Ottesen Brahe, el 14 de diciembre de 1546 en Svalöv, en la provincia de Escania, entonces Dinamarca. Era hijo de uno de los consejeros más influyentes del rey y, de hecho, toda su familia ocupaba cargos políticos y eclesiásticos de relevancia. También su tío Jørgen Brahe, que se hizo cargo de su educación, fue un noble de alto rango en la corte danesa. Con estos antecedentes, no es de extrañar que el joven Brahe empezara a muy temprana edad su formación en leyes y diplomacia.

Pero Tycho era un niño inconstante: se distraía con facilidad y no mostraba demasiado interés por los estudios. Tenía un carácter temperamental y a menudo indisciplinado. Abandonaba las clases siempre que podía y se distraía con pasatiempos y lecturas que no eran del agrado de su familia. Por ese motivo, con trece años lo enviaron a vivir a la capital, para que estudiara Latín y Humanidades en la Universidad de Copenhague. Fue mientras vivía en aquella ciudad, en 1560, cuando vio un eclipse solar que lo dejó absolutamente maravillado.

Sería imposible calcular con certeza cuántos cometas, eclipses y otros fenómenos astronómicos han despertado a lo largo de la historia las mentes de personas que hasta ese momento no habían mostrado ningún interés por la ciencia. Seguramente Hipatia tenía razón cuando le había dicho a su padre que es imposible mirar al cielo sin hacerse preguntas sobre la verdadera naturaleza del cosmos. Por poderoso que sea el imperio de la oscuridad y la ignorancia, solo hace falta un tímido parpadeo en el cielo nocturno para despertar la curiosidad humana. Ya de mayor, Tycho viviría algo mucho más espectacular que un simple parpadeo.

A partir de ese eclipse, el joven Brahe se encontró distrayéndose de los estudios a causa de unos libros escritos mil quinientos años antes y que ahora, gracias al invento de Gutenberg, eran más asequibles y fáciles de encontrar de lo que lo habían sido nunca. En su incipiente colección, pronto destacaría el *Hé megalé syntaxis* de Ptolomeo, que, tras ser rescatado del Serapeo y haber pasado por Bagdad, había servido de base para los estudios de astronomía de casi todo el planeta durante quince siglos.

Ese joven danés quedó maravillado por aquel tratado, y en el ejemplar en latín que dejó en herencia a sus hijos se encontrarían numerosas anotaciones suyas. Quizás por este motivo fue una de las personas a las que más disgustó que la conjunción planetaria entre Saturno y Júpiter se produjera el 24 de agosto de 1563. Según las tablas astronómicas de la época, basadas precisamente en las hipótesis ptolemaicas, aquella conjunción tenía que haberse producido con un mes de anterioridad.

Tycho Brahe fue incapaz de ignorar un error de ese calibre y decidió que había llegado el momento de hacer un *reset* a la astronomía. Empezando por rehacer desde cero todas las mediciones. Su tío trató de disuadirle, pero al final Brahe se salió con la suya y fue a estudiar astronomía a Leipzig. En esa universidad, profesores y compañeros de estudios pronto descubrirían el talante irascible y arrogante de ese nuevo alumno que tenía la sensación de ser el único al que realmente preocupaba que aquella disciplina científica fuera tan poco precisa.

El joven Brahe se dedicó a recopilar todo tipo de datos, y a cada nuevo paso que daba, más convencido estaba que algunas de las hipótesis vigentes en su época eran del todo erróneas. Ptolomeo creía que las estrellas se encontraban todas a la misma distancia de la Tierra y que eran inmutables, pero Tycho sostenía una visión diferente y se peleaba, algunas veces literalmente, con el resto de los estudiantes y profesores para demostrarlo. Hasta que una visión de madrugada lo cambió todo para siempre.

Ljungbyhed, provincia de Escania (Dinamarca, hoy Suecia), 11 de diciembre de 1572

Esa histórica noche, Tycho Brahe estaba compaginando dos de sus grandes pasiones. Dos aficiones que marcarían su vida, y su muerte: la observación estelar y la ingesta de cerveza. Caminaba hacia casa ebrio, con pasos lentos y zigzagueantes, tratando de mantener el equilibrio, aunque con ciertas dificultades. Pero no miraba al suelo. Avanzaba sin rumbo con los ojos clavados en el cielo. Se podría decir que conocía mejor el mapa del cosmos, que ya había empezado a memorizar, que los alrededores de la abadía de Herrevad, donde llevaba poco tiempo viviendo.

De repente, en medio de ese mar de estrellas, vio un elemento que no podía ser superado en belleza: la constelación de Casiopea, bautizada con ese nombre en honor de una diosa griega de quien se decía que no podía existir nadie más hermoso que ella. Conocía perfectamente aquellas cinco estrellas que, cuando la Osa Mayor no era visible, servían para fijar rumbo al norte, y que Ptolomeo ya había descrito y catalogado en su *Hé megalé syntaxis*.

Pero esa noche en la constelación no había cinco estrellas. Había seis. ¿Centenares de astrónomos, sabios, filósofos y marineros de todos los tiempos habían observado aquel conjunto de estrellas y de repente, esa noche, un joven borracho descubría que había una más? Eso era simplemente imposible. Aunque él estaba convencido de observar aquel fenómeno.

Consciente de su estado etílico, decidió sentarse un rato en el suelo, sobre la nieve que cubría el camino. Dudaba de su vista, normalmente infalible. Pero los minutos pasaban y allí seguía aquella «estrella invitada», parpadeando intensamente. Finalmente se dio cuenta de que estaba a pocos metros de la abadía de Herrevad y, al no verse con fuerzas para levantarse y llamar a la puerta, empezó a gritar:

—¡Eh!, ¿hay alguien despierto? —preguntó—. Tú, cura, ¿ya duermes? ¿O estáis despiertos tú y tu mujer? Ja, ja, ja... Rezando, ¿eh? Ja, ja, ja... —siguió gritando un rato—. Vamos, abad Lourdis, despierta... —y se detuvo—. ¡Caramba, no! Que murió hace solo diez días. ¡Mira que si se despierta! Ja, ja, ja...

—¿Quién anda? ¿Qué es tanto alboroto a estas horas? —gritó una voz desde la abadía.

—Aquí, estoy aquí. ¿Puede ayudarme?

—Si, por supuesto, ahora vengo —respondió el masovero, saliendo medio desnudo de la casa—. ¿Qué ha pasado? ¿Está herido?

—No, no, estoy bien.

—¿Seguro? —insistió, oliendo el tufo de cerveza que Tycho desprendía.

—Sí, seguro. Mira allá arriba. Allí, ¡vamos, hombre! —repitió señalando la constelación—. ¿Cuántas estrellas ves?

—¡Muchas!

—Vaya, encima de viejo, ignorante. ¡Menuda suerte tengo! ¿No hay nadie más en su casa? ¿Quizás más joven? —dijo justo cuando llegaba la hija del casero.

—Padre, ¿qué ocurre? ¿Quién es ese hombre?

—Oh, perdona, preciosa. No me he presentado. Soy el ilustre y magnífico Tycho Brahe, el dueño de todo esto. O casi todo.

—¡Excelencia! No os había reconocido —se disculpó el anciano—. ¿Quiere entrar para rehacerse? Debe de estar congelado.

—Si me lo pide ella sí que voy a entrar a calentarme —respondió el astrónomo sin sacar los ojos de la chica, que al sentirse observada se cubrió el escote.

—¿Qué quiere? —preguntó la chica—. ¿Por qué nos ha despertado?

—Ah, sí. Mire, hermosa dama, ¿ve aquellas estrellas?

—Sí, Casiopea —respondió.

—¡Caramba! Yo ya estoy comprometido, pero con los talentos que tenéis...

—La he hecho estudiar —intervino orgulloso el masovero—. Es muy lista.

—Sí, muy bien, pero no nos descentremos. A ver, hermosa, ¿cuántas estrellas veis hoy en Casiopea?

—¡Cinco, por supuesto! —afirmó mientras Tycho hacía un gesto de frustración—. ¡No! ¡Espere! Hay seis. ¡Son seis! ¡No puede ser!

Brahe se levantó de un salto. La borrachera pareció esfumarse de repente. Se quedó mirando a la nueva estrella con una sonrisa de oreja a oreja. Luego se volvió hacia la chica y le dio un largo y apasionado beso que ella no esperaba.

—¡Gracias! ¡Muchas gracias! Sois la segunda mujer más bella y lista del mundo —añadió antes de empezar a correr como un loco.

El masovero y su hija se miraron incrédulos ante aquella escena, mientras el noble se alejaba saltando de alegría. No era para menos. Efectivamente, Brahe había observado un parpadeo que nadie había visto jamás por una sencilla razón: porque nunca había estado allí. Había podido observar una supernova, o una *Nova Stella*, tal y como él decidió bautizarla.

Durante los dieciocho meses siguientes sería observable incluso a plena luz del día, compitiendo con la luminosidad de Venus. No era la primera vez que un fenómeno de aquellas características podía verse a simple vista, pero hasta entonces

todo el mundo había creído que se trataba de un accidente meteorológico y nadie había osado pensar que las estrellas también podían nacer y morir. O explotar, como era el caso.

En ese momento, el astrónomo danés no podía ni imaginar la enorme fortuna que había tenido: antes de la invención del telescopio, una explosión estelar como aquella ¡solo se podía observar una vez por siglo! Él la vio justo en el momento más oportuno de su carrera, y en medio del debate astronómico puesto en marcha en toda Europa a partir de la publicación de las teorías copernicanas. Era el hombre adecuado, en el lugar preciso y en el momento oportuno.

El libro en el que describiría aquel fenómeno causó un gran impacto y el rey Federico II de Dinamarca decidió otorgarle una importante asignación anual y una isla entera, Hven, donde podría proseguir sus estudios. Esto, sumado a las herencias recibidas tras las muertes de su padre y su tío, convirtió a Tycho Brahe en uno de los hombres más ricos de Europa, y él decidió invertir esa fortuna en la construcción de Uraniborg.

Aquel palacio del conocimiento, bautizado homenajeando a la musa griega de la astronomía, Urania, debe ser considerado el primer observatorio astronómico «moderno» de la historia. No habría podido competir con la Gran Biblioteca de Alejandría o la Bayt al-Hikmah de Bagdad en cuanto a número de volúmenes o estudiantes, pero sí en ser un centro pionero. Tenía varios observatorios y despachos para él y sus ayudantes, salas de estudio, una importante biblioteca, el material más moderno del momento y una imprenta propia. Brahe, quizá por las horas que había pasado leyendo, fue uno de los primeros científicos, si no el primero, que entendió la importancia de la divulgación de cada nuevo descubrimiento, hasta el punto de que acabó haciéndose construir una fábrica de papel propia en la misma isla.

Desde ese observatorio único en el mundo, contó, literalmente, las estrellas y elaboró los primeros mapas precisos del cosmos de la historia. Su prestigio creció rápidamente, y no tardaría en recibir solicitudes de estudiantes de astronomía de toda Europa para poder ir a trabajar a su lado.

Sin embargo, Brahe seguía siendo indisciplinado, excéntrico e inconstante, excepto en su relación con Kirsten, que mantuvo a pesar de la fuerte oposición familiar. El sucesor de Federico II en el trono de Dinamarca se cansó del carácter de Brahe, que en los últimos años había empezado a hacerse acompañar por un enano que hacía de bufón, llamado Jeppe, y que iba detrás suyo cantándole las virtudes. El nuevo rey, harto de Tycho, le retiró las posesiones y la asignación anual. El astrónomo, ofendido y decepcionado, decidió trasladarse con toda la familia y su observatorio a Praga, buscando el mecenazgo del rey Rodolfo II.

En ese ambiente vivió una segunda juventud, asistiendo regularmente a fiestas y banquetes organizados en el palacio real. Durante las recepciones organizadas por el monarca, que le había nombrado matemático imperial, Brahe era incapaz de moderarse ni con la comida ni con la bebida.

Una noche, hacia el final de una de esas veladas, sintió unas necesidades enormes de orinar, como nunca había tenido. Pero por miedo a incomodar al rey Rodolfo II, de quien esperaba una importante asignación para un nuevo observatorio, decidió no atender sus obligaciones fisiológicas. Muy probablemente, aquella contención acabaría causándole una uremia que pondría punto final a su vida, tal y como confirmó una autopsia hecha ya en pleno siglo XXI.

Una semana después de aquel incidente en el palacio real, Johannes Kepler recibió la nota de Kirsten invitándole a reunirse con su mentor, y no tardó ni un minuto en salir de casa para atender enseguida aquella demanda. Tampoco era la primera vez que lo hacía: solo un año antes había abandonado su residencia en Graz para encontrarse con el que era considerado el astrónomo más importante de su tiempo. Brahe, después de leer algunos de los tratados escritos por Kepler, le ofreció la posibilidad de trabajar juntos en Praga, aunque por «trabajar juntos» en realidad quería decir «trabajar bajo sus órdenes».

Pero el brillante Kepler nunca aceptó ese papel subsidiario. Además, era un hombre de profundas convicciones religiosas y provenía de una familia humilde. Había tenido que

— 1600 n. Chr. —

Johann Kepler bei Kaiser Rudolph II. in Prag.

pagarse los estudios trabajando de jornalero en el campo mientras su madre subsistía haciendo de curandera y herbolaria. La vida ostentosa del glotón Brahe, que además convivía desde hacía treinta años con una mujer sin haberse casado, incomodó mucho al astrónomo alemán. El carácter del danés acabó estropeando la relación pocos meses después de haberse conocido.

Pese a esos antecedentes, Kepler sabía del delicado estado de salud de Brahe, así que en cuanto leyó la nota se apresuró a ir al palacio del astrónomo danés con la esperanza de recibir un preciadísimo regalo, quizá el presente más codiciado por los científicos de todo el continente.

Cuando llegó, Magdalene seguía a los pies de la cama de su padre, llorando, mientras Kirsten cogía la mano de su compañero con fuerza. El aspecto de Tycho Brahe era deplorable. Daba toda la impresión de ser ya un cadáver.

—Amor mío, ya ha llegado —susurró Kirsten.

—¿Ha venido él? ¿En persona? —preguntó Brahe sin abrir los ojos—. Señor, lo lamento, pero el alce murió. Tuvo un accidente. Cayó escaleras abajo, borracho por la cerveza que yo mismo le dí.

—¿Qué dice de un alce borracho? —preguntó un perplejo Kepler.

—No, amor, no es Guillermo IV —aclaró Kirsten refiriéndose al marqués de Hesse-Kassel—. Kepler, ha venido Kepler.

—Ah, perdón —dijo Brahe, incorporándose y cogiendo una taza de caldo caliente—. Creo que estaba soñando.

—¿Le dabais cerveza a un alce?

—No creo que mi marido le haya reclamado para hablar sobre ese incidente —intervino Kirsten—. Disculpadle si no está del todo centrado. Ha sufrido fiebres muy fuertes y está muy débil.

Con el caldo que le había dado su hija, Tycho pareció que iba despertándose lentamente. Cuando finalmente terminó de incorporarse, mostró su rostro sin nariz a su invitado.

—¿Nunca me habías visto así antes? —preguntó Brahe mientras observaba la cara de espanto de Kepler—. Perdí la nariz mientras estudiaba en Leipzig, en un duelo por una discusión matemática con el estúpido de Parvel, Parsec, Parsberg... ¿Cómo se llamaba aquel inútil? Ahora no recuerdo su nombre. Da igual, era un alumno mediocre de quien nunca has oído hablar y de quien nadie oirá hablar nunca si no es para hacer referencia a que me cortó la nariz —concluyó orgulloso y arrogante.

Brahe, efectivamente, llevó toda la vida una nariz de oro y plata en lugar de llevar una de cobre, tal y como le recomendaban. Él siempre se decantó por una prótesis ostentosa que demostrara su riqueza, pero también que sirviera para recordar su tozudez y su carácter temperamental.

Kepler se quedó unos minutos en silencio, esperando educada y pacientemente a que su antiguo mentor se acabara el caldo y se pusiera la prótesis nasal. En silencio, pensaba cómo era posible que el mejor astrónomo del mundo fuera un personaje tan extravagante. Él, que había consagrado su vida al estudio de la astronomía buscando el sello del Creador en los movimientos planetarios, no había logrado ni siquiera acercarse a los logros alcanzados por aquel borracho, descreído y estrafalario científico danés. Aún.

—¿Me habéis hecho llamar, maestro? —insistió finalmente.

—Sí. Me imagino que ya sabes en qué estado me encuentro, ¿verdad? Sinceramente, no creo que pase de esta noche.

—¡Padre, no diga eso! —cortó tajante Magdalene.

—Sí, hija, hagámonos a la idea. ¿Por qué no vas a descansar mientras el señor Kepler y yo hablamos?

—¡Yo no pienso moverme de aquí! —respondió desafiante subiendo el tono de voz.

—Caramba, Magdalene, mira que eres tozuda. No sé a quién has salido.

—Ehem... —intervino Kepler reclamando atención, tratando de reanudar el hilo de la conversación.

—Sí, Johannes, ¿por dónde iba? Ah, sí. Mira, todo lo que quiero de verdad está en esta habitación —afirmó mientras Kepler miraba alrededor pensando que en ese dormitorio faltaban el resto de hijos de la pareja, hacia quien, todo sea dicho, Brahe no sentía mucho cariño—. Antes de morir quiero dejarlo en buenas manos —añadió en tanto que empezaba a toser.

—Si cree que puedo ayudar a su... esposa —dijo arrastrando ese término—, o sus hijos, solo tiene que pedírmelo, maestro.

—¿Mi familia? No, hombre, pero si apenas eres capaz de hacerte cargo de la tuya. No me refería a ellas —espetó sin tapujos—. He dejado instrucciones para que me sucedas como astrónomo imperial. Esto te dará unos ingresos más estables que la miseria que ganas haciendo de astrólogo —dijo burlándose de Kepler, de manera entrecortada por la incesante tos.

—Bebe un poco más, amor mío —le pidió Kirsten acercándole la taza de caldo.

—Mira —retomó la conversación—, hace cuarenta años que observo el cielo, y estoy convencido de que Copérnico se equivoca, al menos en parte. El Sol está en el centro del sistema solar, estoy de acuerdo, pero la Tierra no puede girar a su alrededor. Es sencillamente imposible.

—¿Pensáis igual que la Iglesia romana, entonces?

—¡No, hombre! Dios no tiene nada que ver, con este hecho, ni con ningún otro, creo —dijo, incomodando a Kepler—. Pero si la Tierra se mueve, ¿por qué las estrellas están fijas? ¿No deberíamos apreciar un cambio aparente en sus posiciones? Si el observador se mueve, el hecho observado también debe cambiar de sitio, al menos aparentemente —afirmó Brahe.

—No sé responder, me faltan datos, y parece que Copérnico tuvo acceso a los más fiables de Europa —dijo Kepler tirando el anzuelo.

—¡Y un bledo! Cof, cof... —protestó, levantando la voz y empezando a toser.

—Tycho, cálmate. Por favor —intervino Kirsten haciendo que volviera a tumbarse.

—Los datos más precisos del mundo los tengo yo, evidentemente. Me ha costado media vida recopilarlos. Y lo que te digo es cierto —insistió volviendo a mirar a su esposa—. He estado más tiempo observando las estrellas que disfrutando de mi familia —confesó mientras Kirsten le besaba la mano.

Kepler seguía en silencio las disertaciones de Brahe, consciente de que no había ido hasta su palacio para volver a repetir una discusión sobre teología.

—*Ne frustra vixisse videar.*

—¡Padre! —saltó Magdalene creyendo que volvía a delirar.

—*Ne frustra vixisse videar* —insistió.

—«No quiero que mi vida haya sido en vano» —tradujo rápidamente Kepler.

—Gírate, Johannes —ordenó Brahe—. ¿Ves aquel armario? Ábrelo.

Kepler no tardó ni un segundo en hacerle caso. Estaba emocionadísimo. Empezó a sudar y los latidos del corazón se le dispararon. Cuando sus manos temblorosas pudieron abrir el armario, encontró una montaña de papeles y documentos desordenados. Pensó que se pasaría media vida para ponerlos en orden y poder entenderlos. Estaba abrumado.

—Ahí está todo. Cada movimiento planetario. Cada posición estelar. Cada cometa observado. El aparente movimiento retrógrado de Marte. La capacidad de refracción de la luz, que debe tenerse en cuenta si quieres que las observaciones sean precisas. Todo. Lo tienes todo en tus manos. No echarás nada en falta. Estudia estos datos. Lo demás es cosa tuya. Seguro que sabrás aprovecharlos.

—Lo haré, maestro Brahe. No sabe cómo le agradezco esta confianza.

—Solo existe una condición: no te guardes para ti las conclusiones. Compártelas. Publícalas. *¡Ne frustra vixisse videar!* —repitió mientras cerraba los ojos por el agotamiento.

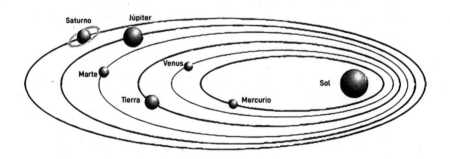

—Así lo haré, se lo prometo —aseguró Kepler sin saber que la forma en que cumpliría su promesa quizá no habría gustado mucho a su mentor.

Entre esa enorme y desordenada base de datos también había un texto muy especial que, pese a no pasar a la historia de la ciencia, tendría un valor profético incalculable. En ese documento, el astrónomo danés definía la astrología como una «charlatanería sin ninguna base científica». Creía que el cosmos seguía unas leyes propias que nada tenían que ver con la posibilidad de actuar como oráculo para los habitantes de la Tierra. Sin embargo, él no pudo descubrir esas leyes. Brahe, al igual que Copérnico, apenas había empezado a estudiar la estructura del sistema solar.

Quien sí pasaría página a la astrología, a pesar de dedicarse profesionalmente a ella, sería precisamente su discípulo. Gracias a los datos recopilados por Brahe, Johannes Kepler formularía sus leyes sobre el movimiento de los planetas alrededor del Sol, que revolucionarían la astronomía para siempre al demostrar que las órbitas planetarias cumplen unas reglas matemáticas exactas y sencillas. El universo, las estrellas, los planetas no volverían nunca más a ser elementos mágicos regidos por designios divinos, sino que serían unos cuerpos físicos que seguían unas leyes precisas, cuantificables y quién sabe si incluso previsibles.

—Todo. Está todo —seguía repitiendo Brahe a medida que se dormía—. También encontrarás la posición precisa de mi *Nova Stella*, aunque ya no sea visible. Jamás volverá a ser visible para nadie —añadió.

Mientras decía esto, Kirsten se levantó y abrió las cortinas de las ventanas. Ya era de noche y las nubes habían hecho una tregua. Su amante se fue durmiendo definitivamente mientras observaba ese cielo estrellado al que había dedicado toda su vida. Su supernova ya no podía verse a simple vista. No sería hasta los años sesenta del s. xx cuando los astrónomos del observatorio de Palomar podrían observar los restos de la *Supernova 1572*, sita a siete mil quinientos años luz de la Tierra y bautizada como *Nova Tycho* en homenaje a su descubridor.

Para poder verla, antes tenían que llegar una nueva generación de inventores con nuevos artilugios más precisos para la observación. Tycho Brahe fue el último de los astrónomos anteriores a un invento que cambiaría radicalmente la forma de observar el cielo nocturno. Con esa herramienta, habría comprobado que sus teorías eran parcialmente ciertas. Brahe creía que si la Tierra giraba alrededor del Sol debería parecer que las estrellas se mueven, como realmente parece que ocurre. Faltaba casi un siglo antes de que un científico inglés tratara de calcular la distancia de una estrella mediante esa misma técnica llamada paralaje.

El problema es que a simple vista este fenómeno es indetectable. Él defendió un modelo a medio camino entre el heliocentrismo y el geocentrismo, y lo hizo a partir de la observación. De los datos. De los números. De las matemáticas. De la información recogida durante décadas de forma precisa y constante.

Brahe moriría durante la madrugada siguiente. Sus «ojos de águila», tal y como eran conocidos en ese momento en

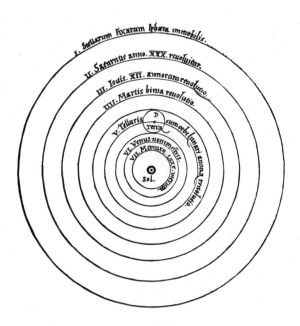

toda Europa, se cerrarían para siempre. El 4 de noviembre de 1601 sería enterrado con todos los honores en la iglesia de Nuestra Señora del Tynn, en el centro de Praga. Allí, los turistas del siglo XXI aún pueden hacerse fotos ante su tumba, en caso de que sepan quién era ese personaje que, efectivamente, no vivió en vano.

Aquel excéntrico y fascinante contador de estrellas fue el último astrónomo que hizo su trabajo a simple vista. Solo ocho años después de su muerte, un diplomático francés escribiría una carta dirigida a Galileo Galilei hablándole de los rumores que corrían en Holanda sobre un nuevo invento llamado telescopio.

Si Copérnico es recordado por haber encendido la mecha de una explosión científica sin precedentes en mil quinientos años, Brahe merece el honor de ser rememorado por haber puesto la dinamita de esa revolución. Sus datos, abundantes y precisos, pero sobre todo el método que había diseñado para recopilarlos, contribuirían decisivamente a que la onda expansiva hiciera tambalear los cimientos de la charlatanería.

7. UNA REVOLUCIÓN EN MOVIMIENTO

Palazzo Pitti (Florencia), 24 de agosto de 1660

El sol no quemaba, pese a ser agosto. Hacía calor, pero era soportable. Sin embargo, la luz del astro al mediodía impedía llevar a cabo ese experimento diseñado y preparado en muy pocos meses.

Desde el desván del Palazzo Pitti, Giovanni Alfonso Borelli se acercó a uno de los enormes ventanales terminados en arco e hizo una señal levantando una pequeña bandera. Pocos segundos después, en el jardín se veía ondear otra muy parecida. El equipo que había trabajado en el exterior confirmaba, con ese gesto, que había terminado la tarea de la mañana. Hasta que la tarde no volviera a ofrecer las condiciones lumínicas óptimas no se reanudaría aquel estudio encargado por Leopoldo de Medici en persona.

—¿Ha tomado nota de todo? —preguntó Borelli mientras cubría con una sábana el telescopio que había en esa sala, que estaba enfocando un punto del jardín.

—Creo que no me he dejado nada —confirmó Lorenzo Magalotti desde detrás de un gran escritorio.

—A ver —pidió Borelli mientras el secretario de la Accademia del Cimento (Academia del Experimento) le acercaba sus notas.

—Pero —empezó el joven poeta acercándose a los ventanales para mirar hacia los que habían estado trabajando en el jardín.

—Pero ¿qué?

—Que no he entendido nada de lo que apuntaba —confesó.

—Bueno, no me extraña. Solo hace tres meses que estáis aquí.

—Y la astronomía tampoco es mi especialidad, lo admito.

—No se disculpe. A todos nos queda mucho por aprender todavía. Nunca olvide el lema de esta academia, «provando e riprovando». Galileo habría estado orgulloso.

—¿De la academia o del lema?

—De ambas cosas, pero ahora me refería al experimento que estamos realizando. «Altissimum planetam tergeminum observavi».

—¿Observé que el planeta más alto era triple? —preguntó el secretario.

—Efectivamente, Galileo fue el primero en darse cuenta, con su telescopio, de que Saturno tenía una forma extraña. Triple, creía él.

—Eso es lo que tratamos de resolver hoy, ¿verdad? —sugirió Magalotti.

—Sí. Os lo contaré: nuestro encargo empezó con este libro que recibió su eminencia Leopoldo II —explicó acercándole una copia del *Systema Saturnium* escrita un par de años antes por Christiaan Huygens—. Mirad en la última página —le apresuró al ver que su ayudante empezaba a hojear las primeras páginas.

—¿Dónde? ¿Esto? —cuestionó Magalotti, incrédulo—. ¿Qué se supone que es esto?

—Lea, lea.

—Pero si no se entiende nada —dijo antes de empezar a balbucear—: «A a a a a a a c c c c c d e e e e e g h i i i i i i i l l l l m m m n n n n n n n n n...».

—¡Siga, siga! —dijo Borelli—. Vamos, ¡sin miedo!

—«O o o o p p r r r s t t t t u u u u u» —prosiguió Magalotti con los ojos abiertos de par en par.

—Esta es la conclusión a la que llegó el notable astrónomo holandés y el motivo por el que hoy estamos aquí.

—Me toma el pelo, ¿verdad?

—No, ja, ja, ja... —rio—. ¿Y sabe usted quién tiene la culpa de esta sopa de letras indescifrable?

—Diría que Huygens, ¿no?

—¡No! ¡Galileo!

—Discúlpeme, pero no le sigo.

—Pues sígame, sígame hasta el jardín. Vamos a dar una vuelta. Necesito salir de estas cuatro paredes un rato y que me dé el aire. Se lo contaré todo desde el principio —dijo Borelli cogiendo a su colega por el brazo.

Los jardines de ese palacio eran inmensos. De hecho, no era extraño que la gente se perdiera en ellos. Las numerosas callejuelas de tierra que dividían las zonas ajardinadas eran un laberinto que solo con el paso de los años podía memorizarse. La vegetación, monótona y bien cuidada, tampoco ofrecía muchos puntos de referencia. Únicamente algunas de las fuentes, que proyectaban el agua tan arriba como la ciencia y la tecnología de la época permitía, servían para orientarse mínimamente.

Magalotti caminaba pensando que no sabría encontrar el camino de vuelta desde esos pasillos de enormes cipreses; quizá por eso Borelli le cogía fuerte por el codo, guiándole en ese paseo.

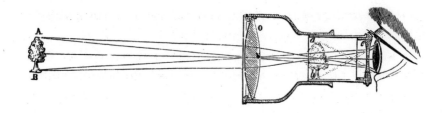

Todo empezó un día de mayo de 1609, ¡cuando yo tenía un año! —bromeó—. Ese día Galileo recibió la carta de un exalumno de su época en Venecia, un diplomático francés llamado Jacques Badovere. El mensaje era breve y conciso: explicaba que en Holanda corrían rumores de un nuevo invento que permitía observar objetos lejanos como si estuvieran cerca. También existía una breve descripción del objeto en cuestión.

—Habláis del telescopio, ¿verdad?

—Efectivamente. A Galileo le temblaron las manos mientras leía aquella carta. Badovere le decía que le mantendría informado, y que cuando le fuera posible le haría llegar uno. Pero sin más concreción, ya podéis imaginaros la situación. Galileo quedó desquiciado por ese anuncio. Se levantó de su escritorio, nervioso, apartó con vehemencia todo lo que había encima, cogió una hoja y empezó a hacer dibujos y bocetos a partir de las pocas descripciones que había en la carta de su exalumno.

—¿Qué quería hacer? ¿Un telescopio?

—¡Exacto! ¡Sin haber visto antes ninguno! ¡Solo de oído! O, sería más correcto decir, de lectura.

—¿Y lo consiguió?

—¡Únicamente tardó tres meses! —confirmó vehemente—. El 21 de agosto de ese mismo año, Galileo presentaba su segundo telescopio en el Campanile de la Piazza San Marco. Los asistentes al acto no podían creer que estuvieran viendo con tanta nitidez Murano, situada a dos kilómetros de distancia.

—¿Había hecho una copia solo con las referencias de la carta de Badovere? —preguntó fascinado Magalotti.

—No una copia, sino dos, ¡y mejoradas respecto al invento holandés! Su telescopio no solo tenía más aumentos y mejoraba la imagen respecto a sus rivales, sino que, además, gracias a una lente divergente, permitía ver los objetos en su posición natural y no invertidos como en los modelos anteriores —aclaró Borelli parando un segundo como si también se hubiera perdido por aquel laberinto—. Sigamos por aquí —dijo antes de continuar—. La demostración levantó tanta expectación que Galileo se vio animado a seguir construyendo nuevos telescopios, tratando de aumentar su calidad y prestaciones, aunque no siempre lo conseguía. De hecho, durante los cinco meses posteriores fabricó unos sesenta, la gran mayoría de los cuales, dicho sea entre nosotros, no sirvieron para nada. Pero, lejos de rendirse, siguió trabajando en la mejora de ese nuevo artilugio —prosiguió Borelli.

En efecto, Galileo trabajó duramente en muchos modelos de telescopio, haciendo pruebas, añadiendo mejoras, aumentando su resolución, y, por supuesto, observando a través de ellos. Cuando los hubo dirigido sobre todo lo que tenía a su alrededor, solo le quedaba hacer, una vez más, lo que Hipatia había vaticinado: levantar la cabeza y mirar hacia el cielo. A nadie antes se le había ocurrido enfocar ese ingenio hacia un firmamento que se creía fijo e inmutable. El espectáculo que descubrió cuando observó por primera vez el cielo nocturno con esas lentes habría dejado sin palabras al propio Tycho Brahe y, tal vez, incluso a su bufón Jeppe.

—Con las primeras observaciones nocturnas, descubrió que la Luna no es una esfera perfecta, tal y como creía Aristóteles; que Júpiter tiene al menos cuatro lunas girando a su alrededor; contó las estrellas de la constelación de Orión; visualizó la auténtica naturaleza de la Vía Láctea, y un largo etcétera. Todo esto, solo durante los diez meses posteriores a la recepción de aquella carta que lo había cambiado todo para siempre.

—¿Y Saturno? ¿También lo observó?

—Sí, y vio que tenía unas extrañas deformaciones, aunque en ese momento no supo identificarlas. Por eso dijo que tenía forma «triple».

—De ahí el experimento de hoy. Pero esto no aclara la sopa de letras.

—Un momento, no sea impaciente. Todavía no hemos llegado a ese punto —dijo Borelli—. El 4 de marzo de 1610 publicó *Sidereus nuncius* —«Mensaje sideral»—, donde explicaba el resultado de sus observaciones.

—Este título se parece mucho al del libro que me ha enseñado antes.

—No es casualidad; Huygens lo escogió en homenaje a Galileo. Las conclusiones del *Sidereus nuncius* no dejaban margen a la duda: la astronomía ptolemaica ya no servía. Como os podéis imaginar, aquella afirmación levantó una gran polvareda y no dejó a nadie indiferente en toda Europa. Tampoco en Roma.

—Lo sé. Todo el mundo debatía las teorías de Copérnico y solo hacía diez años de la muerte en la hoguera de Giordano Bruno. Fueron unos años muy convulsos para los defensores del heliocentrismo.

—¡Exacto! Pero, a pesar de lo dicho, un año más tarde el entonces cardenal Maffeo Barberini, futuro papa Urbano VIII, invitó a Galileo a presentar sus observaciones en el Colegio Pontifical en Roma. Allí no solo fue recibido con todos los honores, sino que además el Colegio Romano, formado por jesuitas, confirmó la veracidad de todos los datos aportados. Luego Galileo se volvió a Pisa y siguió su vida haciendo lo que mejor sabía hacer: observar la naturaleza y sacar conclusiones. El problema es que sus hipótesis empezaron a incomodar las visiones más conservadoras de un Estado Pontificio que se encontraba en plena batalla contra el emergente protestantismo. Lentamente, sus detractores se fueron organizando y preparando para una campaña contra él. Al principio aportaban datos o negaban algunas de las observaciones publicadas por Galileo, pero cuando se dieron cuenta de que no podían competir en el terreno científico decidieron acusarle de herejía por negar afirmaciones bíblicas. Allí es cuando Galileo comete su primer gran error: en lugar de rehuir el debate teológico, afirmó que sus observaciones estaban en perfecta sintonía con las sagradas escrituras. La Santa Inquisición podía ignorar un debate astronómico, pero cuando se trasladó al terreno de la teología no pudo seguir mirando hacia otra parte.

—Habláis de su primer juicio, ¿cierto?

—Sí, el de 1616. Pero más que un juicio fue una investigación interna. La conclusión a la que llegó el cardenal Bellarmino era diáfana, se prohibía defender aquellas teorías como verdades absolutas y solo se le permitía tratarlas como una hipótesis matemática.

—¿Y lo cumplió?

—Sí... —dudó Borelli arrastrando la respuesta—. Más o menos. Aquí es donde quiero llegar. Ya sabéis que Galileo quería estar seguro de sus descubrimientos, ¿no? Creía que las hipótesis han de ser demostradas, y deben apoyarse en datos empíricos.

—Me ofendéis, señor. No soy astrónomo, pero la norma de primero observar y después sacar conclusiones es un legado que va mucho más allá del campo científico.

—¡Bravo! Pues Galileo, como otros sabios, tenía un problema si quería aplicar esta norma. ¿Cómo anunciar una hipótesis que todavía no está demostrada? Por un lado, hacer un anuncio antes de tener las pruebas te puede hacer cometer muchos errores, ¿correcto? Y nadie quiere hacer el ridículo.

—Claro.

—Pero, por otra parte, si tardas mucho en anunciar tus descubrimientos otros pueden adelantarse. Y, sí, somos científicos, pero también somos humanos, ya me entiende.

—Sí, sí, todos hemos nacido con padre, madre y ego.

—Ja, ja, ja... ¡Y que lo diga! Pues bien, Galileo se inventó un sistema.

—¿Qué hizo?

—En una carta dirigida a Kepler, en 1610 escribió «Haec inmatura a me iam frustra leguntur oy».

—¿«Leo en vano estas cosas, todavía inmaduras»? —tradujo Magalotti—. ¿Qué quería decir con eso?

—Era un anagrama y Kepler se puso enseguida a intentar resolverlo. Tras varios intentos ordenando las letras usadas por Galileo, para que tuvieran algún sentido, transformó la frase inicial en «Cynthiae figuras aemulatur mater amorum».

—«La madre del amor imita a las figuras de Cinthia».

—¡Correcto!

—Tampoco acabo de entenderlo. ¿Era un poema?

—¡No! Lo diré con otras palabras: Venus, «la madre del amor» —aclaró—, tiene fases, como Cinthia. Sois poeta, seguro que sabéis a quién se refería.

—¡A la Luna! Cinthia es la Luna.

—¡*Ecco*!

—Ahhh... —entendió Magalotti—. ¡Qué original! Quería decir que Venus también tiene fases como la Luna. Vamos que puede observarse llena, nueva, creciente…

—¿Lo entendéis ahora? Con este sistema podía reservarse la autoría de un descubrimiento antes que nadie, o hasta que tuviera las pruebas que lo avalaran, y solo entonces resolver el anagrama. Pero, además, a partir de la sentencia de 1616 podría seguir carteándose con otros científicos sin temor a que la Inquisición fisgoneara.

—¡Claro, ahora lo entiendo! ¡Era un genio! —exclamó.

—Este sistema de anagramas hizo fortuna en todo el continente.

—Pero ¿no podía conducir a errores? A ver, me ha costado entender el significado una vez resuelto el anagrama, ¡imagínese antes!

—Por supuesto que se cometieron errores. Mire, Kepler mismo resolvió el anagrama de las fases de Venus de ocho formas diferentes, y en una de las posibles soluciones incluso dijo que el mensaje encriptado era «Macula rufa in Jove est gyratur mathem, etc.».

—«Hay una mancha roja en Júpiter que gira matemáticamente». Qué tontería, ¿no?

—¿Se lo imagina? ¡Una mancha roja en Júpiter! —concluyó riendo, sin saber que Robert Hooke describiría por primera vez la famosa mancha de ese planeta en 1664, cumpliendo una predicción de 1610 que Galileo nunca hizo, y que solo existió por un breve, pero maravilloso, error de Kepler.

Los dos miembros de la Accademia del Cimento siguieron paseando un buen rato por aquel idílico paraje. Magalotti tenía la sensación de que su interlocutor se había perdido por el laberíntico jardín. Pero las anécdotas que le contaba le fascinaban de lo lindo, así que tampoco dijo nada cuando le pareció que estaban dando vueltas sin rumbo.

Borelli explicó que la sentencia del cardenal Bellarmino de 1616 dejó a Galileo bastante tocado emocionalmente y que, durante los dos años siguientes, casi abandonó toda actividad científica. Pero, si una supernova había cambiado el destino de Tycho Brahe, tres cometas, observados durante el año 1618, cambiarían el de Galileo Galilei. Aquel fenómeno provocó que los defensores de la vieja astronomía y los de la nueva reanudaran una guerra en la que el sabio florentino se vería rápidamente involucrado.

Galileo volvería a entrar en los debates científicos con su tono vehemente habitual, incomodando a amigos y ofendiendo a enemigos. La gota que finalmente colmó el vaso de la paciencia del papa Urbano VIII, y de su entorno, fue la publicación del *Dialogo sopra i due massimi sistemi del mondo*, en la que un personaje que Galileo había bautizado, poco sutilmente, con el nombre de Simplicio defendía de forma ridícula el geocentrismo. Muchos de sus opositores aprovecharon aquella ocasión para acusar al astrónomo florentino de haber caricaturizado al mismo pontificio con aquel desafortunado protagonista de su *Dialogo*. Tanto si la similitud era querida como si no, la duda dejó más solo que nunca a un Galileo que ya no pudo recurrir a la influencia de Urbano VIII para evitar ser juzgado.

El 30 de abril de 1633, Galileo tuvo que retractarse de sus postulados y comprometerse a no volver a defenderlos nunca más como verdades absolutas, sino como meras hipótesis matemáticas. Igual que en el juicio de 1616. Pero aquella vez el aviso era mucho más serio, y solo su notable fama y posición le salvaron de una condena más severa. Escuchó las conclusiones en silencio, tratando de mostrar arrepentimiento. No dijo nada.

Cuando el proceso terminó, se retiró de nuevo a su celda. También en silencio. No dijo absolutamente nada. No murmuró. No abrió la boca. Y, evidentemente, no dijo «Eppur si muove» («Y, sin embargo, se mueve»). Aquel no era ni el momento ni el sitio para mostrarse desafiante. Ni él era el personaje vehemente de su juventud. En realidad, fue el escritor Giuseppe Baretti quien le atribuyó esa frase un siglo más tarde.

Tras el juicio, Galileo esperó unas horas en su celda hasta que el comisario Vincenzo Maculi acudió para comunicarle la sentencia. Había sido condenado a cadena perpetua, pero el papa Urbano VIII le había conmutado inmediatamente la pena por un arresto domiciliario en su Toscana natal, donde el astrónomo se retiraría hasta el día de su muerte. El Vaticano tardaría 359 años, 4 meses y 9 días en revisar ese juicio.

La Santa Inquisición ya tenía lo que quería: una sentencia, que se encargó de publicar el 2 de julio de ese mismo 1633 en Roma. El 12 de agosto lo haría en Florencia, y a finales de septiembre la haría llegar a toda Europa. Los inquisidores no buscaban venganza ante alguien que les había desafiado públicamente, ni les importaba mucho si Galileo cumplía o no la pena: solo querían dar un toque de atención ejemplar para enviar una señal inequívoca a todo el continente. Y lo hicieron sin dilaciones. Fue un aviso efectivo, hasta el punto de que el propio René Descartes, cuando leyó la sentencia de Galileo, prefirió posponer la publicación de su libro *Mondo*.

En realidad, lo que combatía la Santa Inquisición no era el heliocentrismo en sí mismo, sino otro asunto mucho más amenazante para su poder absoluto. Lo que molestaba de Galileo, o de tantos otros, no era la defensa de un modelo matemático o de una hipótesis científica, era algo mucho más peligroso: la posibilidad de llegar a unas determinadas conclusiones por uno mismo, sin la necesidad de ningún mediador entre la verdad absoluta y la población.

Desde muy joven, Galileo defendió una forma de acercarse al conocimiento que consistía en la experimentación. Si años más tarde Albert Einstein o Stephen Hawking consideraron al sabio florentino «el padre de la ciencia moderna», fue precisamente porque Galileo defendió el empirismo, es decir, poner a prueba las teorías científicas sobre el terreno y contrastarlas con experimentos. El conocimiento debe ser fruto de la observación, de la comparación, de la recogida y el contraste de los datos obtenidos, y ese método podía seguirlo cualquier persona del planeta. Eso es lo que lo hacía tan revolucionario.

Galileo había aprendido esta forma de acercarse al pensamiento de su maestro Ostilio Ricci, que le convenció para que abandonara los estudios de medicina en los que le había matriculado su padre y se dedicara a las matemáticas. Ricci defendía que esa disciplina no era solo una ciencia abstracta; para él las matemáticas eran un método para resolver los problemas planteados por la física, la ingeniería, la mecánica, etc. Galileo nunca olvidó aquellas lecciones; llegó a afirmar que «las matemáticas son el idioma con el que nos habla la Naturaleza».

Aquella forma de entender el conocimiento transmitida por Ricci, y pilar del método científico, era lo que tanto había asustado al poder vaticano. Si el conocimiento ya no estaba en unos pocos libros escritos en latín que guardaban celosamente unas pocas bibliotecas, y pasaba a estar al alcance de todos, automáticamente ellos perdían su privilegiada posición. Los viejos charlatanes volvían a ver amenazado su poder absoluto gracias a los últimos inventos y avances de una nueva generación de científicos formados con textos de Arquímedes, Hipatia, Al-Khwarizmi o Copérnico.

Galileo, además de defender la experimentación y la observación como modelo alternativo al conocimiento promulgado por la Iglesia, había empezado a publicar sus libros en italiano, para hacerlos comprensibles a más personas, y aquello los inquisidores tampoco podían tolerarlo. El hecho de que Galileo estuviera acertado o no en algunas de sus teorías, como en la explicación de las mareas, no modifica lo más mínimo su valor como uno de los científicos más importantes de toda la historia, y como uno de los que más ha contribuido en la guerra contra los charlatanes.

SUPREMAE

SACRAE ROMANAE UNIVERSALIS INQUISITIONIS

Al final, lo de menos es si realmente dijo «Eppur si muove», o los detalles de la sentencia de su juicio, porque con todas sus aportaciones quedó claro que efectivamente algo se movía. Los lugares desde donde emanaba el poder habían empezado a tambalearse gracias a las primeras bases del método científico, y mucho más deberían tambalearse en el futuro. La ciencia moderna podía haber perdido un juicio, pero la revolución que había iniciado ya no podría detenerse.

Finalmente, Borelli y Magalotti llegaron al lugar del jardín en el que se estaban llevando a cabo los experimentos que los tendrían ocupados durante tres días. Allí vieron dos maquetas a escala de Saturno: una con los anillos característicos del planeta, y otra con dos grandes satélites.

—Al final ganó la Santa Inquisición —concluyó Magalotti después del largo relato de su mentor.

—¿Ganar? ¿No se da cuenta? La victoria fue para Galileo. Si no, ¿qué estamos haciendo aquí?

—Ahora sí que me he perdido. Y no hablo del jardín.

—¿Recordáis que os he dicho que Galileo vio que Saturno tenía una forma extraña? Él la describió como si el planeta tuviera dos «asas enormes».

—Sí.

—Pues bien, la conclusión a la que llegó Huygens, y que escondió en ese extraño anagrama que ha leído en…

—¿Esa maraña de letras sin sentido? —le interrumpió Magalotti.

—Sí, ese. Pues ordenando las letras se podía leer el mensaje encriptado del holandés: «Annulo cingitur tenui plano, nusquam cohoerente, ad eclipticam inclinato».

—«Está rodeado por un anillo plano y delgado, no unido a la superficie, inclinado respecto a la eclíptica».

—¡Ecco! Huygens propuso que la extraña forma de Saturno era en realidad un anillo. Lo publicó en el libro que ha visto antes y después envió una copia a su eminencia.

—Creo que empiezo a entenderlo.

—Pero, claro, los enemigos de Galileo todavía están por todas partes —confirmó, bajando la voz y mirando a su alrededor como si alguien los espiara—. Unos meses después, Leopoldo II recibió otro libro, escrito por dos monjes cercanos a las visiones vaticanas, negando la existencia de este anillo saturniano y afirmando que esa extraña forma la generaban dos enormes satélites.

—¿Por qué?

—Bien, cada nuevo descubrimiento que contradice Ptolomeo es un punto más a favor del modelo copernicano. A la Santa Sede le ha costado mucho aceptar que, aparte de lo que ocurre en la Tierra, también hay lunas orbitando alrededor de Júpiter. ¿Ahora resulta que también hay anillos en Saturno? El sistema solar cada vez se parece menos al de Aristóteles...

—... y más al de Copérnico y Kepler —dijo mientras Borelli asentía con la mirada—. Con estas dos maquetas estamos intentando reproducir la forma que debería tener Saturno, ¿verdad? Al menos tal y como se ve desde el desván con un telescopio.

—¡Exacto! Por eso la gente que ha pasado por el desván no tiene ninguna formación académica: queremos que expliquen lo que ven sin apriorismos ni ninguna influencia externa.

—Ahora lo entiendo. Da igual si Huygens o sus detractores tienen razón, ¿verdad? Galileo ya ha ganado. Pase lo que pase, a la conclusión llegaremos mediante la experimentación, el análisis de los datos, la reproducción a escala del fenómeno estudiado...

—«Provando e riprovando», como dice el lema de nuestra academia, querido Lorenzo, «provando e riprovando» —confirmó mientras volvía a coger su colega por el brazo y retomaban el camino hacia el interior del Palazzo Pitti.

Magalotti tenía razón: Galileo había ganado una batalla muy importante a pesar de haber tenido que retractarse públicamente de sus postulados. El mundo científico había ido abandonando los apriorismos para aceptar el empirismo; quizás era la primera gran batalla que los charlatanes

perdían en casi quince siglos, y no sería la última. El sabio florentino moriría el 8 de enero de 1642 en Arcetri, dejando un legado científico que le convierte, a ojos de muchos, en el padre de la ciencia moderna.

Las conclusiones a las que llegó la Accademia del Cimento nunca se publicaron. Las observaciones habían avalado sin lugar a dudas el modelo propuesto por Huygens, y Borelli y sus colaboradores no se atrevieron a dar a conocer aquellos resultados. De hecho, el modelo de Huygens, que defendía un anillo rígido y con un grosor de cerca de 4000 kilómetros, no era del todo preciso. Dos siglos después, un joven escocés de nombre James Clerk Maxwell, demostraría que en realidad se trata de un anillo múltiple y muy delgado. Aquel descubrimiento no lo haría usando ningún telescopio, ni siquiera mirando hacia el cielo; solo con un papel y una pluma pudo medir la naturaleza y las dimensiones del anillo de Saturno. Lo hizo aplicando un método matemático que ni Huygens ni Galileo llegaron a conocer nunca.

Con esa nueva técnica, la ciencia moderna llegaría más lejos de lo que había podido hacerlo hasta entonces. Aquella herramienta imprescindible consistía en unas matemáticas avanzadas que permitían realizar cálculos complejos que podían, incluso, predecir el futuro. El hombre que haría posible entender de forma sencilla el pasado, el presente y el futuro celebraría su cumpleaños, como es sabido, el día de Navidad.

8. A HOMBROS DE GIGANTES

Woolsthorpe-by-Colsterworth (Lincolnshire),
día de Navidad de 1642

Era un día muy frío y húmedo en Woolsthorpe, en el condado de Lincolnshire, en el este de Inglaterra. Durante los últimos días había caído una fuerte nevada y el paisaje de aquella mañana del día de Navidad era casi de postal. Pero no había gente en la calle, ni niños jugando con la nieve. La mayoría de las familias de aquella aldea rural eran campesinos o ganaderos, y aquellas condiciones meteorológicas no eran bien recibidas ni deseadas.

El planeta vivía uno de los momentos más fríos de lo que se conoce como la pequeña edad de hielo, y aquellas bajas temperaturas causaban unos estragos especialmente severos entre la población y los cultivos del norte del continente europeo. Pero, por si el clima no fuera una desgracia lo suficientemente grande, el mismo brote de peste italiana que había devastado la Toscana de Galileo había conseguido cruzar el canal de la Mancha y empezaba a extenderse entre la población inglesa. Durante esa década Londres perdería una quinta parte de su población a causa de la *Yersinia pestis*.

Hacía miles de años que aquella familia de monos bípedos se preguntaba cuáles eran las causas de las desgracias que les afectaban. Qué era lo que originaba inundaciones, sequías, terremotos, enfermedades, erupciones, plagas, guerras, etc. Entre todos los homínidos que habían poblado la Tierra, había uno especialmente hábil a la hora de leer indicios y tratar de predecir nuevas penurias: los *Homo sapiens*.

Desde la época de Tales y Anaximandro, muchos habían empezado a buscar explicaciones para aquellos fenómenos por sí mismos sin necesidad de recurrir a la tradición ni a elementos sobrenaturales. Cada vez eran más y estaban mejor preparados. Pero, a pesar de aprender, muy lentamente, a leer los patrones de su entorno y hacer algunas predicciones, a menudo con acierto, seguían sin entender cómo funcionaba el planeta en el que vivían. Apenas habían empezado a estudiar las consecuencias, pero eran absolutamente incapaces de encontrar las causas de lo que observaban. La única explicación de todos esos fenómenos que los inquietaban era la fuerza divina. ¿Quién, si no Dios, podía mover planetas, cometas y lunas?

Aquel había sido un caldo de cultivo propicio para la aparición de unos charlatanes que no desaprovecharon la oportunidad de sumergir el mundo en una ignorancia que les aportaba grandes beneficios individuales. Un mundo donde la inmensa mayoría de la gente no podía hacer más que vivir atemorizada esperando que ninguna de esas desgracias le afectara. Un planeta en el que el futuro era incomprensible y del todo imprevisible.

Y así fue hasta que un día de Navidad nacería un niño que iluminaría las mentes de hombres y mujeres para siempre, dando sentido a todo ello. Tal y como dijo el poeta Alexander Pope, «el mundo estaba inmerso en la oscuridad y las tinieblas, y entonces Dios dijo: "¡Que se haga la luz!", y nació Newton».

Por la carretera que conducía hasta Colsterworth, únicamente se podían distinguir media docena de casas que aparecían entre la niebla. El humo que salía de sus chimeneas se mezclaba con ella, creando un ambiente triste y deprimente. Cerca del río Witham, detrás de una valla de madera en mal estado, se levantaba una casa solitaria. Su propietario, un granjero analfabeto que nunca aprendió siquiera a escribir su nombre, solo hacía tres meses que había muerto, dejando embarazada a su mujer, Hannah Ayscough.

Aquel día de Navidad de 1642, en esa casa nació uno de los científicos más importantes de toda la historia. Isaac Newton fue un bebé prematuro, y su peso no presagiaba que pudiera llegar ni al año de edad; de hecho, durante los primeros doce meses de vida tuvo que llevar un collarín ortopédico para compensar la extrema debilidad de su cuello. Tampoco el contexto familiar dibujaba un futuro muy brillante: su madre le abandonaría al cumplir tres años, justo al casarse con el reverendo Smith.

El joven Newton tuvo que ir a vivir con sus abuelos, con quienes nunca tuvo una buena relación, y no volvería a vivir con su madre hasta cumplir los once. Pero la convivencia con ella y sus nuevas hermanastras sería imposible, e ingresó en el internado del The King's College de la población vecina de Grantham. Allí, Newton nunca pasó de ser un alumno mediocre, solitario y problemático.

Sin amigos. Con una salud delicada. Lejos de la familia. Sin interés por los estudios. Newton encadenaría unos años decepcionantes. Usaría un talento que empezaba a desarrollarse para hacer bromas pesadas a compañeros de clase, maestros y vecinos. Estos, con el tiempo, aprenderían a recelar de su cada vez más evidente superioridad intelectual, y harían más solitaria, si cabe, la vida de aquel joven. Ese solitario Newton solo encontraría refugio en unos libros que empezaría a devorar sin orden ni disciplina alguna. Lentamente, en su interior iría creciendo el interés por lo único que aportaba algo de sentido a todo aquel desorden: las matemáticas, aunque al principio todavía no tenía muy claro para qué servían.

Londres, enero de 1684

Hacía frío. Mucho frío. Las calles de Londres estaban cubiertas por una nieve que, mezclada con el barro y las heces de los caballos, había perdido toda la blancura original. En el interior de casas y tabernas la gente trataba de calentarse, por fuera y por dentro. Los cafés, que iban llenando la ciudad desde la llegada de esa bebida al continente europeo a principios de ese mismo siglo, ofrecían un lugar de reunión cálido y acogedor para todo tipo de gente. También para unos científicos que habían crecido en número y conocimiento.

En el interior de uno de esos locales de moda, bebiendo una taza de café caliente, sentado en una mesa cerca del fuego, estaba sir Christopher Wren. Aquel arquitecto, que había destacado en la reconstrucción de Londres después del gran incendio de 1666, también era miembro del Parlamento y de la Royal Society de Londres, que, de hecho, era el motivo que le había llevado allí.

Su interlocutor regresó de la barra con una taza de ese popular brebaje negro.

—¿Otra? —dijo Wren.

—Si os soy sincero, no me entusiasma, pero es útil para pasar este frío —respondió Edmond Halley mientras se sentaba—. ¿Vendrá?

—Claro que vendrá. No se perdería una reunión como esta por nada del mundo.

—¿Le habéis explicado el propósito?

—Solo cuatro pinceladas. Lo justo para tentarle.

—Pues llega tarde.

—Es un hombre muy ocupado —trató de justificarlo Wren.

—Y vos, pero no habéis llegado tarde —precisó Halley pensando que él también tenía otras tareas más importantes que beber café.

—No confía mucho en él, ¿verdad?

—Confío en vos —respondió—. Mirad, no pongo en duda su talento, pero tiene un carácter algo complicado, ¿no opináis igual?

—¿Solo algo complicado? Ja, ja, ja... Me gusta que seáis tan prudente —admitió Wren mientras reía—. Es antipático, pedante, cínico, hipocondríaco y envidioso, aparte de ser uno de los hombres más feos de Inglaterra.

—¡Caramba! —saltó Halley—. Creía que eráis su amigo.

—Y lo soy, quizás sea uno de sus pocos amigos, pero no puedo negar sus defectos más evidentes. Justo es reconocer que también es un hombre brillante, inteligente, luchador, romántico, por no decir que no se le resiste ninguna disciplina: es el mejor, o de los mejores, en arquitectura, física, matemáticas, óptica, ingeniería, geología, biología... ¿Sigo?

—No, no hace falta. Conozco sus méritos.

—Con absoluta franqueza, afirmo que es el científico más grande de Inglaterra, lo que le convierte en el más importante del planeta.

—Quizás tengáis razón.

—Yo me he llevado la fama por predecir que el anillo de Saturno es mucho más delgado de lo que sostuvo Huygens, pero fue él quien me ayudó en las observaciones, y el dibujo que todo el mundo conoce salió de su mano.

—¿Y no reclamó su mérito? Caramba, pues sí que os aprecia para no reclamar la autoría.

—¡Mire! ¡Ya ha llegado!

Justo en ese instante, entraba por la puerta Robert Hooke. Mojado, despeinado, cojo y jorobado, nadie habría pensado que los elogios de sir Christopher Wren fueran algo más que la imagen idealizada de un admirador.

—Buenas tardes, Robert —le saludó levantándose.

—¿No me has pedido nada? He tenido que dejar un montón de trabajo a medias.

—Ya conoces a Edmond Halley, ¿no?

—¡Camarero! ¡Camarero! —gritó, ignorando a sus interlocutores—. Tráeme una taza de este barro maloliente que vendes a precio de licor —ordenó mientras Halley miraba a Wren con ganas de irse del local.

—Robert…

—¡Vamos, dispara! ¿Qué problema no sois capaces de resolver sin mí?

—¿Por qué se mueven los planetas? —disparó Halley sin contemplaciones, saltándose los modales de sir Christopher Wren.

—Ah, solo se trata eso —respondió un arrogante Hooke encendiendo su pipa.

—Sabemos que las órbitas planetarias son elipsis, tal y como demostró Kepler. ¿Pero por qué? ¿Qué hace que tengan esta trayectoria?

—Creía que era Dios —ironizó Hooke con un tono burlón.

—Queríamos abrir un debate…

—¡Un concurso! —propuso Halley cortando a Wren—. Un tipo de competición entre todos los miembros de la Royal Society para estimularles a demostrarlo matemáticamente.

—Bien, en este caso solo tengo que informaros dos cosas antes de irme —dijo Hooke mientras se bebía el café de un solo trago—. La primera es que yo ya lo he calculado —desveló con una mirada desafiante a Halley—. No me costó mucho, dicho sea de paso —añadió con complicidad dirigiéndose a Wren.

—¿Y la segunda? —preguntó Halley.

—Que si se trata de una apuesta quiero participar. De momento, mantendré en secreto la respuesta a la cuestión que habéis planteado, porque si respondiera ahora no habría mucha emoción. Esperaré a ver si alguien sabe calcularlo —dijo antes de levantarse—. Aunque lo dudo.

Ambos científicos se quedaron sentados. Atónitos. No sabían si creerle. ¿Era plausible pensar que una mente como la suya hubiera resuelto aquella cuestión? Seguro, sin lugar a dudas. De hecho, para mantener la autoría de algún descubrimiento, él también había usado el sistema de anagramas con el que se carteaban Galileo y Kepler. Pero igualmente era posible que solo quisiera ganar tiempo y que se hubiera marchado corriendo a su despacho para ponerse a hacer los cálculos de inmediato.

—¿Le dais crédito? —preguntó Halley.

—Claro —dijo un Wren poco convincente—. En cualquier caso, deberemos esperar. No tenemos más remedio.

—Puede que no —lamentó Halley algo decepcionado.

—Creedme, este es un reto exclusivamente al alcance de la mente más brillante de Inglaterra —concluyó Wren.

Esas palabras eran ciertas, y Halley las compartía. Robert Hooke era conocido por haber formulado la ley de la elasticidad; por ser el descubridor de las células, nombre que él mismo había propuesto en su obra magistral *Micrographia*; haber inventado el reloj con muelle, un artilugio que revolucionó la navegación, donde de nada servían los relojes de péndulo; proponer que los fósiles, que en ese momento se descubrían por todo el continente, eran los restos de animales extinguidos; inventar el higrómetro; mejorar el barómetro y el anemómetro; haber sido el primero en atreverse a calcular la distancia de una estrella, Gama-Draconis, usando una técnica llamada paralaje que había anticipado el propio Tycho Brahe, y un larguísimo etcétera.

Wren no tenía ninguna duda de que habían puesto ese reto en buenas manos y solo cabía esperar. Halley, en cambio, mucho más joven e impaciente, acabaría cansándose de hacerlo. Ese mismo agosto, siete meses después del encuentro en el café de Londres, Edmond Halley decidió que ya había dado tiempo suficiente a Robert Hooke y fue a ver a un matemático que nunca salía de su despacho desde que precisamente Hooke le había acusado de plagio en un debate sobre óptica.

Cambridge, diciembre de 1684

La Navidad estaba a la vuelta de la esquina. Faltaban pocos días para el cuadragésimo segundo aniversario de un Isaac Newton que se encontraba justo en el ecuador de su vida. Como siempre, estaba solo, trabajando en su despacho del Trinity College de Cambridge, donde enseñaba matemáticas.

Sus dependencias eran un auténtico caos: papeles desordenados, libros por doquier, apuntes por el suelo, tubos de ensayo, compases, reglas, ábacos, biblias y libros sagrados y de profecías en diferentes idiomas, así como una inacabable colección de utensilios alquímicos. Newton sería recordado por sus aportaciones a la física y a las matemáticas, materias a las que, curiosamente, dedicó relativamente poco tiempo en comparación con el que destinó a la teología y a la alquimia.

Aquella mañana, mientras contemplaba cómo caía la nieve por la ventana, seguía absorto en una labor de gran importancia. Estaba calculando la fecha del fin del mundo, que creía haber encontrado a partir de mensajes encriptados en la Biblia, un trabajo que lo ocuparía durante décadas sin ningún tipo de resultados, evidentemente. Quizás Isaac Newton era el último de un largo linaje de magos y alquimistas, pero también sería recordado, por méritos propios, como el primero de los grandes científicos de un método que se estaba gestando entre esas cuatro paredes.

Cuando levantó la vista vio a Edmond Halley cruzar corriendo el patio del Trinity College. En la mano llevaba la carta que había recibido esa misma mañana. Pese a verle, Newton no hizo ningún gesto para ir a abrirle la puerta, y, de hecho, le tuvo esperando bajo la nieve durante unos minutos.

—Por fin —dijo Halley con cara de frío.

En cuanto entró se acercó a la chimenea para calentarse las manos. Allí quedó fascinado por unos botes con mercurio que el matemático había puesto a calentar justo al lado de los troncos en combustión.

—Debo confesarle que estoy muy emocionado por su carta —empezó Halley, sin que Newton respondiera—. He venido enseguida que he podido —insistió ante la pasividad de su interlocutor—. Ya pensaba que ese encargo acabaría igual que lo que le hice al señor Hooke.

—¿Cómo decís? —saltó Newton cuando oyó ese nombre.

Edmond Halley era la antítesis de Newton en lo que se refiere al trato con las personas. Era elegante, educado, amable, empático y tenía buenas formas. Pero además tenía una inteligencia a la altura de su anfitrión. Por eso supo cómo hacer reaccionar a un Newton que al principio no le había prestado la más mínima atención.

Sabía perfectamente que aquel nombre hacía saltarle de la silla cada vez que alguien se atrevía a pronunciarlo delante de él. De hecho, Newton y Hooke podían competir en intelecto, pero también en malos modales, hasta el punto de que después de una agria disputa pública entre ambos, Newton, que salió derrotado, decidió recluirse en Cambridge durante trece años. Allí se escondió hasta el día en que Halley fue a visitarle para cambiar el curso de la historia.

—Tengo que reconocer que después de nuestro primer encuentro quedé un poco decepcionado. Cuando me dijo que podía explicar por qué los planetas siguen trayectorias elípticas, pero que había perdido los cálculos... —confesó Halley mirando el desorden de la sala—. La verdad es que dudé entre creerle o pensar que solo era una excusa, como la que me puso Robert Hooke.

—¡Ese hombre es un mentiroso! Y un traidor, y un ladrón, y...

—Y el descubridor de las células, y el formulador de la ley de la elasticidad, y un gran arquitecto, y...

—Si ha venido aquí a elogiar a esa rata, ¡ya podéis marcharos! —exclamó Newton levantándose.

—No. He venido por usted —aclaró Halley rebajando la tensión—. Aquí están las nueve páginas más interesantes de la historia de la ciencia —añadió mientras le mostraba la carta que había recibido esa mañana.

—Ah, entonces, ¿os han gustado? —preguntó Newton volviendo a sentarse.

—Me han entusiasmado. Las considero de gran trascendencia. No solo explican de forma satisfactoria las órbitas planetarias, lo explican todo —dijo mientras el religioso Newton echaba un sutil vistazo a la Biblia que tenía sobre la mesa—. O casi todo —matizó Halley—. ¿Cuánto tiempo hacía que había terminado estos cálculos?

—No lo recuerdo. Quizás hace quince o veinte años que lo calculé.

—¿Y todo ese tiempo han estado aquí? ¿En su despacho? ¿Escondidos? —preguntó con tacto, aunque hubiera querido decir «perdidos».

—No quería que ese ladronzuelo volviera a robarme una idea.

—Bueno, por suerte los ha encontrado en relativamente pocas semanas.

—De hecho, no. No los he encontrado. He tenido que rehacerlos desde cero —confesó mientras Halley lo miraba con asombro y admiración a partes iguales.

Eso no era cierto. Newton podía ser despistado y desordenado, pero no había perdido los cálculos ni había tenido que rehacerlos. Lo que sí era cierto es que hacía mucho tiempo que no los repasaba, y antes de hacerlos llegar a Halley quiso comprobarlos una vez más.

—Lo importante es que ya los tengo, y he venido decidido a hacerle una propuesta. Creo que las conclusiones a las que ha llegado no se merecen ser solo un artículo; creo que debe escribir un libro.

—¿Un libro? —murmuró—. ¿Y quién lo pagará?

—La Royal Society, por supuesto —afirmó Halley sin saber que al final el dinero para publicar la obra saldría de su propio bolsillo.

—Yo tengo mucho trabajo en estos momentos. No sé si podré dedicarme —objetó Newton, señalando la Biblia y los papeles de encima del escritorio.

—Como quiera —dijo Halley levantándose—. Pero después no se lamente si Hooke se atribuye el mérito de la idea. De hecho, hace días que hace correr por Londres el mensaje de que le comentó por carta que él ya lo había calculado hace unos años.

—¡Eso es falso! ¡Ese jorobado asqueroso vuelve a mentir!

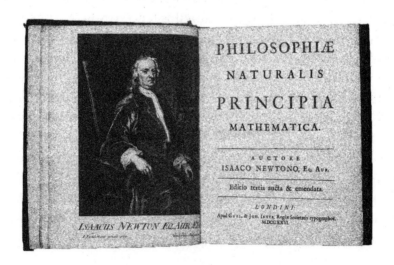

—Tengo entendido que discutieron sobre este tema hace unos años y él le hizo algunas sugerencias —añadió Halley mientras se dirigía hacia la puerta.

—¡Mentira! ¡Y lo demostraré! ¿Cuándo quiere que empiece a escribir? —preguntó Newton antes de que su visita abandonara sus dependencias.

—Ahora mismo —respondió Halley mientras salía del despacho con una enorme sonrisa.

Edmond Halley y el mundo científico tardarían algo más de dos años en ver el primer volumen de la obra que acababa de encargar: *Philosophiae naturalis principia mathematica*, o *Principia*, tal y como se le conocería. Lo que más le había impresionado de aquella carta recibida en 1684 no eran las conclusiones a las que había llegado Newton, que también. No era solo haber descubierto una fuerza —la gravedad, tal y como la había llamado— que hace mover todos los planetas y cuerpos celestes, sino la sencillez de la explicación con la que lo había resumido. A partir de una ecuación, cualquier persona con unas mínimas nociones matemáticas podía predecir todos los movimientos del cosmos.

Finalmente, tras millones de años desde que los primeros homínidos se fueran a dormir inquietos al ver la aparición de un cometa en el cielo nocturno, un hombre había explicado por qué se producían aquellos fenómenos. Y, de regalo, había fabricado una herramienta llamada cálculo diferencial que convertía a cualquier ser humano con conocimientos matemáticos en el mejor oráculo que nunca hubiera existido hasta entonces. Todos los bastones chamánicos, todas las pinturas rupestres, todas las profecías paganas y todos los libros religiosos juntos no podían hacer unas predicciones tan precisas y concretas como las que se harían a partir de entonces con una pluma y un pedazo de papel.

De todas las aportaciones hechas por la ciencia en los milenios anteriores, ninguna era tan revolucionaria ni democratizadora como la que haría un hombre nacido el día de

Navidad de 1642. A partir de ese momento, cualquier *sapiens* con una mínima formación matemática podría prever eclipses y transiciones planetarias o calcular las órbitas de los cometas. Pero, además, aquella fuerza era aplicable a cualquier objeto con masa. Servía para pronosticar que en un futuro lejano las galaxias de la Vía Láctea y Andrómeda se fusionarían en una sola. Y también servía para calcular a qué velocidad cae una manzana en el jardín de una casita gris y solitaria en Woolsthorpe. Conociendo los datos iniciales, se podía calcular todo.

El físico inglés demostró que las leyes que rigen todo el universo son las mismas tanto para los objetos de mayor tamaño como para los más pequeños, y además lo demostró de forma sencilla y comprensible. Las leyes de la mecánica newtoniana se acabarían haciendo imprescindibles en el día a día de los humanos. Servirían para calcular la trayectoria de un proyectil balístico, el comportamiento de moléculas orgánicas, la hora de llegada de un tren, o el lanzamiento de un cohete con unos homínidos destinados a pisar la Luna por primera vez.

La formulación de la ley de la gravitación universal de Newton había llegado para cambiarlo todo para siempre, excepto la animadversión que se profesaban él y Hooke, que llegaba a tal punto que la publicación de los *Principia* se retrasó a causa de la negativa de Newton a hacer referencia alguna a Hooke. Ni las hábiles gestiones de Halley sirvieron para que el genio de Woolsthorpe hiciera un pequeño agradecimiento a unas contribuciones de las que muchos empezaban a dudar.

Tras la muerte de Robert Hooke, en 1703, Newton lo sucedió como presidente de la Royal Society e hizo destruir todos los retratos que se conservaban de su predecesor. En 2006, esta misma sociedad pagaría más de un millón de libras por unos manuscritos de Hooke que demostraban que su fama de antipático era absolutamente merecida. Así como la de genio.

Sin embargo, entre las cartas personales de Hooke se encontró una relación epistolar inesperada. Él y Newton, pese a odiarse, se intercambiaron una importante correspondencia. Pese a sus diferencias, discutían de física y matemáticas con la que ambos consideraban la segunda mente más brillante de Inglaterra, después de las respectivas, evidentemente. En una carta, Robert Hooke especula con «una fuerza atractiva del Sol sobre los planetas inversamente proporcional al cuadrado de la distancia». Y acertó de lleno, al menos desde un punto de vista matemático, pero no supo ir más allá a la hora de explicar sus causas.

Newton nunca quiso reconocer que, efectivamente, los debates que había mantenido con Robert Hooke habían influido decisivamente en la formulación de una de las leyes más importantes de la historia, puesto que es una ley de aplicación universal. Él mismo se inventó y difundió la famosa leyenda de una manzana cayendo de un árbol. Su orgullo hizo que prefiriera afirmar que la idea de la gravedad se le había revelado como una profecía, como las que leía en sus libros místicos, antes que admitir que era fruto de un trabajo con importantes aportaciones de terceros.

Nunca quiso reconocerlo en público, pero en privado sí que lo había hecho. En una carta dirigida precisamente a Hooke el 5 de febrero de 1676, reconocía que, si había logrado ver más lejos que nadie, era por haberse subido a los hombros de gigantes. Una larga lista de gigantes que había empezado con Tales, Pitágoras e Hipatia, y había seguido con un Arquímedes que, tratando de medir el área de una parábola, se había quedado a solo un paso de desarrollar el cálculo diferencial que Newton acababa de descubrir. Gigantes como Alhazen, Al-Khwarizmi o Ibn Qurra, que habían mantenido encendida la llama del conocimiento durante los años más oscuros. Gigantes como Copérnico, Brahe y Galileo, que habían iniciado una revolución científica que ya no tenía marcha atrás.

Gigantes como Kepler, que medio siglo antes se había quedado muy cerca de los descubrimientos que haría Newton. A menudo se dice que el mejor descubrimiento de Newton fue encontrar las bases de la ley de la gravitación universal entre los papeles que Kepler había escrito de forma desordenada y confusa, mezclando sus descubrimientos con teorías místicas, anagramas, predicciones astrológicas y el resumen de todos los experimentos fallidos. En una carta escrita por Kepler antes de morir afirmaba: «Física y astronomía se encuentran tan estrechamente ligadas que ninguna de las dos disciplinas puede entenderse sin la otra». Al igual que no se puede entender la física newtoniana sin las aportaciones de Kepler o, aunque nunca lo admitiera, las del propio Robert Hooke.

El libro de Newton había cambiado la ciencia para siempre. La ley de la gravitación universal y aquella nueva herramienta matemática que permitía calcular cómo variaba una función cuando sus variables cambiaban, revolucionaron la forma de trabajar de los científicos de todo el mundo. La generación de físicos que le sucedería llegaría a creer que algún día bastaría con ir introduciendo todas las variables posibles en una única fórmula para poder hacer todo tipo de predicciones a corto y largo plazo. Soñaron que se podría llegar a crear un algoritmo que recogiera todo el conocimiento, a partir del cual cabría la posibilidad de leer el pasado con absoluta certeza y, quizás lo más apasionante, podría llegar a predecirse el futuro sin margen de error.

De hecho, esta sería la labor principal de Newton durante sus últimos años: se dedicaría a buscar el elixir de la vida y una fórmula que permitiera calcular la fecha del fin del mundo. Por su contribución histórica a la física y a las matemáticas, en las que abrió una nueva era, y por su afición a la alquimia y a la brujería, Isaac Newton debe ser considerado la bisagra entre dos mundos casi antagónicos. Medio mago y medio científico. No deja de ser curioso que el padre del cálculo diferencial dedicara sus últimos años a aplicar aquella nueva y extraordinaria técnica a la magia y la alquimia, sin obtener ningún resultado, evidentemente.

Pero, si en él recae el título de «último brujo», uno de sus pocos amigos puede recibir el honor de ser el primero de los científicos modernos. Edmond Halley, quizá por su proximidad a Newton, supo vislumbrar antes que nadie las implicaciones del *Principia* y de lo que se describía. Fue el primero que entendió que la revolución newtoniana permitiría la llegada de una generación de científicos que ya no deberían conformarse con observar las estrellas o los planetas, sino que a partir de ese momento también podrían prever su comportamiento. Se dio cuenta de las posibilidades que se abrían con aquella nueva rama de las matemáticas en las que, cambiando las variables de una ecuación, se podría incluso predecir el futuro.

Y así lo hizo. Con esa nueva herramienta calculó la edad de la Tierra a partir de la concentración de sal en los mares, y obtuvo una fecha que desmentía radicalmente la Biblia; inventó la predicción meteorológica, y dibujó los primeros mapas del tiempo de la historia, con unas líneas, las isobaras, que aún llenan las previsiones de todos los espacios del tiempo de los medios de comunicación del siglo XXI; realizó mapas estelares de gran exactitud, y estudió el magnetismo terrestre.

Sin embargo, pese a todos estos méritos, sería recordado por un cometa que no descubrió. Lo que hizo, y no es poco, fue darse cuenta de que los cometas que habían pasado los años 1531, 1607 y 1682 eran, en realidad, el mismo y que tenían una órbita que se repetía cada setenta y cinco o setenta y ocho años. Pero el día de 1757 en que Halley había previsto el regreso del cometa que llevaría su nombre no se pudo observar nada en el cielo. Con todo, por una poética casualidad de la historia de la ciencia, el 25 de diciembre de 1758 pudo visualizarse de nuevo su cometa, lo que puso fin a la era de los brujos y confimó la

validez de las teorías newtonianas. Diecisiete años después de la muerte de Halley, el mundo comprobaba que aquellos nuevos «profetas» que basaban sus predicciones en las matemáticas eran los más fiables de toda la historia.

Aquel maravilloso cometa aportaría una prueba casi definitiva para validar la ley de la gravitación universal publicada por su admirado Newton, y también era un anuncio. Sin embargo, en aquella ocasión no era el de ningún nacimiento, ni el presagio de ninguna guerra, ni de ninguna epidemia, cataclismo o sequía. Aquel cometa era una señal que anunciaba una nueva época en la que cualquier reto científico sería alcanzable. Nadie debía temer la llegada de ese cuerpo celeste, salvo —quizás— los charlatanes.

Los últimos treinta años de la vida de Newton fueron un desierto desde el punto de vista científico; los dedicó a la teología y a pelearse con otros científicos. Muerto Hooke, tuvo que buscarse otro enemigo. El objeto de su ira sería el alemán Gottfried Leibniz, que había descubierto el cálculo diferencial de forma independiente y simultánea al físico inglés.

Sir Isaac Newton moriría el 31 de marzo de 1727, rico y famoso. Antes sería nombrado caballero por la reina Ana, y elegido miembro del Parlamento. Además, como director de la Casa de la Moneda resolvería el problema que tenía Inglaterra con la devaluación de la libra. Ciencia y política empezaban a mirarse de reojo, en Inglaterra y en Alemania empezaban a colaborar ocasionalmente. Pronto también lo harían intensamente en Norteamérica y Francia. La presencia de Voltaire en el funeral de Newton así lo presagiaba.

9. L'AMI DES BAVARDS

Salle du Manège des Tuileries (París), 5 de mayo de 1794

MARAT.

La sala estaba abarrotada. Las bancadas de madera que se alargaban a ambos lados de aquel enorme salón estaban completamente ocupadas. También había gente de pie, bloqueando el paso de las enormes puertas de entrada. Los más alejados se ponían de puntillas tratando de ver algo por encima de las cabezas ajenas. Ni siquiera en el anfiteatro del piso superior quedaba un solo asiento vacío. La expectación era máxima.

No perduraba ningún detalle que recordara la pomposa decoración que aquel salón real de altísimo techo había tenido en la época de Luis XV. Ninguna cortina de terciopelo rojo, ninguna guirnalda dorada, ningún tapiz lujoso.

Aquel palacio había sido saqueado en ocasiones suficientes para resultar casi irreconocible. Únicamente el enorme trono real, en pésimo estado de conservación, había podido salvarse parcialmente de la quema.

Cuando Jean-Baptiste Coffinhal, presidente del Tribunal Revolucionario, entró en la sala para sentarse en ese sillón, los gritos y los insultos del público se calmaron momentáneamente. El juicio a los *fermiers généraux* había comenzado con la lectura de los cargos que se imputaban a los miembros de aquella institución encargada de la recaudación de impuestos indirectos sobre la sal, el alcohol, el tabaco, etc.

Sin embargo, ningún juicio a ningún miembro de la *Ferme générale* había levantado tanta expectación hasta entonces.

—Nadie —comenzó Jean Noël Hallé su intervención—, nadie, nadie ha hecho tanto por Francia como al hombre que hoy se juzga.

—¡Mentira! —sonaron los primeros gritos.

—¡Matadlos! —añadió desde el piso de arriba un hombre que enseñaba un texto de Marat y señalaba a los acusados.

—¡Silencio! —reclamó Coffinhal—. Dejen que el abogado siga su explicación.

—Gracias, presidente, pero yo no soy abogado, soy médico —admitió Noël Hallé.

—Ah, ¿no? ¿Y por qué motivo se hace cargo usted de la defensa?

—Nadie más se ha atrevido a hacerlo—respondió lacónico.

—Ah, vaya. No está obligado a ello. Al acusado se le puede proporcionar un abogado de oficio —informó Coffinhal.

—No, no hace falta. De hecho, para mí es un honor defender al mejor científico del mundo. Lo haré lo mejor posible.

—¡Basta de palabrería! —empezó a gritar una parte del público impacientándose.

—¡Silencio! —intervino Coffinhal—. Pues adelante, prosiga.

—Gracias, señor presidente —dijo Noël Hallé mientras el acusado seguía absorto en sus pensamientos, escribiendo lo que parecía una carta—. No hay ninguna nación en el mundo que no quisiera tener un súbdito del talento, la inteligencia, la genialidad y el compromiso con la patria que ha demostrado tener Antoine-Laurent de Lavoisier. ¡Ninguno!

—Excepto Francia —susurró para sí misma Marie-Anne Paulze desde la primera bancada del público.

—El hombre que hoy es juzgado será recordado por los siglos de los siglos como el padre de la química moderna. Cuando todos nosotros, todos, ya estemos muertos, enterrados y olvidados, él todavía será recordado en todo el mundo como el hombre que él solo, o casi —añadió, con una mirada de complicidad hacia Marie-Anne Paulze—, pasó página al antiguo régimen de la alquimia. Este libro, obsérvenlo bien —proclamó solemne levantándolo por encima de su cabeza—, el *Traité élémentaire de chimie*, será uno de los textos franceses más traducidos y leídos de la historia. Lavoisier describe en él más de treinta elementos químicos desconocidos hasta hace pocos años; explica el fenómeno de la combustión; descubre la verdadera composición del aire; demuestra que el agua no es un elemento, sino un compuesto de dos elementos, hidrógeno y oxígeno, palabra inventada por mi defendido; explica los procesos de respiración y oxidación, la fotosíntesis; formula la ley de la conservación de la masa…

Mientras el improvisado abogado defensor seguía repasando sus méritos como científico, Lavoisier no paraba de hacer muecas cada vez que Noël Hallé mencionaba algún descubrimiento que no estaba reflejado en ese libro revolucionario. Todos aquellos méritos habían sido fruto de años de investigaciones, estudios, experimentos, etc., pero algunos de los que se iban citando ante la indiferencia del público asistente al juicio, en realidad, se habían recogido en otros volúmenes o artículos. Aquellas imprecisiones habrían sido ignoradas por cualquier persona con medio cuello en la guillotina, pero no pasaron por alto a uno de los científicos más metódicos y perfeccionistas de la historia.

En cualquier caso, a Lavoisier le gustó ir escuchando aquella interminable lista de éxitos obtenida a base de talento, sí, pero sobre todo de esfuerzo, constancia y capacidad para recopilar, ordenar y clasificar datos solo comparables a la lista de Tycho Brahe. Si el astrónomo danés había sido una pieza clave para que la astrología diera paso a la astronomía, Lavoisier debía ser recordado por haber enterrado la alquimia y haber fundado la química. Con una diferencia respecto a Brahe, y es que él, además de la elaboración de esa inmensa base de datos, también había sacado las conclusiones adecuadas. Lavoisier en el campo de la química hizo lo que Brahe y Kepler hicieron juntos en el de la astronomía.

Mientras Noël Hallé seguía caminando arriba y abajo por el triángulo que formaban la bancada de los miembros del Tribunal Revolucionario, el espacio ocupado por los acusados y los primeros asientos del público —destinados a los familiares y amigos de los acusados—, Marie-Anne Paulze miraba a su marido sonriendo después de cada punto de la larga lista citada por su defensor. Percibía perfectamente el sentido de cada mueca de su amado, desde el rechazo a cada imprecisión en la terminología usada hasta la satisfacción al recordar algunos de los logros más importantes de ese matrimonio.

Lavoisier, quizá sintiéndose observado, dejó de escribir un momento y levantó la cabeza. Cuando la vio sentada sola en ese banco no pudo esconder su preocupación. Marie-Anne era la única de los numerosos amigos y familiares de todos

los acusados que se había atrevido a ir al juicio y ocupar el espacio que tenía reservado. No había querido huir de París, como habían hecho la mayoría, ni asistir camuflada entre el público general, como habían escogido unos pocos —muy pocos, en realidad—.

Pero Lavoisier sabía que su mujer era tozuda y valiente, y no habría podido sacarle esa idea de la cabeza ni en un siglo. Así que no tuvo más remedio que cambiar la expresión de la cara, y tras la mueca de preocupación al verla sentada sola en un lugar tan expuesto se rindió a los encantos de su amada y le dirigió una larga y tierna sonrisa. Solo los gritos del público rompieron esa corta tregua.

—¡Basta ya de tantas tonterías! —gritó alguien desde el anfiteatro superior.

—¡Silencio! ¡No se puede hablar sin mi autorización! —intervino de nuevo Coffinhal, para calmar a los más exaltados—. Pero aboga... señor Noël —corrigió sobre la marcha—, ¿a dónde quiere llegar con todos estos datos irrelevantes? Aquí no se juzga la supuesta valía científica del señor Lavoisier.

—¿Supuesta? —saltó el defensor—. Estamos frente a uno de los mejores científicos de la historia. La nomenclatura que utilizarán los químicos de todo el planeta durante los próximos quinientos años, o más, seguirá el método que ha propuesto mi defendido.

—Señor Noël, la República no necesita científicos ni químicos —le cortó Coffinhal con una frase que pasaría a la historia como uno de los momentos más vergonzantes vividos por la ciencia—. No se puede detener la acción de la justicia. Haga el favor de aportar algún elemento que tenga relación con el caso que hoy juzgamos —añadió.

—¡Bravo! —gritaron una decena de personas entre el público—. ¡Así se habla!

—Señor presidente, con todo respeto, la valía de mi defendido no es un tema menor y tiene mucho que ver con su compromiso con la patria.

—Pues vaya concretando.

—Mire, él hizo la gran mayoría de estos descubrimientos desde su laboratorio, el mejor equipado del mundo gracias a su dedicación —explicó—, situado en el Arsenal de París. Allí ejercía como comisario de la Administración Real de Pólvora y Salitre. Quisiera recordar a todo el público aquí presente que la pólvora francesa era la de peor calidad de todo el continente hasta que Lavoisier y su esposa le pusieron remedio. Ambos recorrieron todo el país analizando y comparando la calidad de las diferentes minas de salitre que abastecían al ejército francés. Las derrotas sufridas por nuestros soldados también deben atribuirse a nuestra inferioridad tecnológica, pero a partir de las mejoras introducidas por mi defendido y su cónyuge, la pólvora francesa se convirtió en la de mejor calidad de todo el mundo. Esto no solo le ha dado una ventaja considerable a la patria en el campo de batalla, sino que además ha llenado las arcas del Estado al convertir Francia en el primer exportador mundial de pólvora y ha servido a los compatriotas norteamericanos para liberarse del yugo inglés. Sin nuestra pólvora, su guerra por la independencia no habría obtenido el resultado que todos deseábamos —remachó el defensor mientras el silencio se apoderaba por primera vez de la sala.

—Suponiendo que todo esto fuera cierto, insisto en que no tiene relación alguna con el caso —sugirió Coffinhal con menos vehemencia que en sus intervenciones anteriores.

—Señor presidente, algún día en todo el mundo la gente pesará en kilogramos, contará en metros y medirá en litros gracias a Lavoisier. Me permito recordaros que en este país mucha gente que se ha enriquecido a base de hacer trampas con los diferentes sistemas de medida y peso que había en cada región. Hasta el día que Antoine Lavoisier propuso adoptar el sistema métrico decimal. Esto es *egalité* para todo el mundo.

—Disculpad, señor Noël, pero eso es falso. La Asamblea Nacional de 1790 le hizo este encargo a Charles-Maurice de Talleyrand-Périgord.

—Y este lo primero que hizo fue pedirle ayuda a Lavoisier. De hecho, hoy, esta misma mañana, mi acusado me ha pedido los resultados de un experimento que están llevando a cabo sus colaboradores para calcular la densidad del agua, una de las últimas medidas que faltan para completar el encargo de Talleyrand —puntualizó Noël Hallé, refiriéndose a unos trabajos que hicieron que Lavoisier estuviera tentado a pedir el aplazamiento de su ejecución hasta tener los resultados.

—Creo que ya hemos soportado bastante esta palabrería sin sentido. Les está haciendo perder el tiempo a este tribunal —apresuró Coffinhal—. Si no desea añadir nada más…

—Sí que quiero. Me gustaría recordar que Lavoisier diseñó un sistema para iluminar las calles de París y hacerlas más seguras, y un sistema de abastecimiento de agua potable para todos sus ciudadanos, que sobre todo beneficiaría a los de los barrios más pobres. También presentó al ministro Necker dos informes para dignificar las prisiones y los hospitales públicos de…

—Señor Noël... —trató de intervenir Coffinhal ante el apasionado relato del amigo de Lavoisier.

—En septiembre de 1791 defendió ante la Asamblea Nacional un modelo educativo universal, laico, gratuito y no segregado por sexos que precisaba cómo debía ser el recorrido académico desde el parvulario hasta la universidad, y además propuso crear unos estudios técnicos para los jóvenes que no quisieran ir a la universidad; fue la primera propuesta de la historia para crear una verdadera formación profesional. Y no solo lo hizo desde un punto vista teórico, sino que en las conclusiones incluyó el número y la ubicación de escuelas, liceos y universidades según la población, así como de unos centros de estudios e investigación en ciencia y tecnología que cualquier país del mundo envidiaría.

—Señor Noël, no abuse de mi paciencia —insistió de nuevo Coffinhal mientras un rumor empezaba a correr entre el publico presente en la sala.

—En 1791, también ante la Asamblea Nacional, presentó un estudio demográfico sobre Francia y propuso medidas económicas para garantizar un mejor reparto de la riqueza y poner fin a las penurias que viven algunas zonas rurales...

—¡Basta! —gritó el presidente del Tribunal Revolucionario—. ¡Ya os he avisado en demasiadas ocasiones! Todo esto no tiene ninguna relación con lo que se juzga hoy aquí.

—¡Por supuesto que tiene relación! Estamos juzgando si este hombre es amigo o enemigo de la República, y no sé imaginarme mejores credenciales para un amigo de la patria que las que estoy enumerando. ¡Ninguno de los que estamos aquí le llegamos a la suela del zapato!

—Creo que ya se ha aprovechado demasiado de mi indulgencia —reiteró Coffinhal.

—Antoine-Laurent de Lavoisier no se sienta en el banco de los acusados por ser enemigo de la República, sino por ser enemigo de los charlatanes.

—¡Cobarde! —gritó alguien del público.

—¡Matadlos a todos! —siguieron desde el anfiteatro, mientras la temperatura subía por momentos.

—¿Cómo se atreve? —dijo Coffinhal.

—Señor presidente, los charlatanes son el peor enemigo de la libertad, la fraternidad y la igualdad, y mi defendido los ha combatido siempre. Hace apenas diez años en Francia había una legión de farsantes encabezada por Franz Anton Mesmer que defendía un supuesto «magnetismo animal» y decía que podía curar todo tipo de enfermedades con sus estrambóticos, y evidentemente caros, rituales. Una comisión liderada por Lavoisier desenmascaró a aquel charlatán, eso sí, al precio de ganarse muchos enemigos. En esa comisión para someter el «magnetismo animal» al método científico había hombres de la valía del astrónomo Jean-Sylvain Baillo, del científico Benjamin Franklin…

—Que su país ha sabido tratar como merece —volvió a decir Marie-Anne Paulze para sí misma, refiriéndose a uno de los padres de la Constitución norteamericana.

—... el químico Jean Darcet, el médico Joseph-Ignace Gui... —Noël Hallé se detuvo en seco y la expresión de la cara le cambió radicalmente. Luego se giró para dirigir una mirada de disculpa a su defendido.

—Joseph-Ignace Guillotin —intervino Lavoisier completando la frase con una sonrisa para agradecer el esfuerzo en vano de su amigo, haciéndose cargo de que estaba a punto de echar la toalla.

—Señor Noël, basta.

—¿No lo entiende? ¿No ven de dónde surge todo esto? —siguió Hallé reaccionando ante las palabras de Coffinhal, mientras parte del público ya no escondía su disconformidad con esa apasionada defensa de Lavoisier—. Hoy mi defendido se sienta aquí por luchar con todas sus fuerzas contra los charlatanes. Se sienta aquí por haberse atrevido a desenmascarar a Mesmer, pero sobre todo por haber desenmascarado a muchos otros.

—¡Basta!

—Se sienta aquí porque demostró que el artículo presentado por Marat ante la Academia de las Ciencias estaba lleno de errores y afirmaciones absurdas. Se sienta aquí por haber comprobado que Marat nunca había pisado la Universidad de Saint Andrews, donde afirmaba haberse licenciado en Medicina.

—¡Basta de difamaciones! —empezó a gritar a la gente al ver la permisividad de Coffinhal.

—¿¡Cómo os atrevéis a ensuciar el nombre del *Amie du Peuple*!? —gritó una persona de las últimas hileras en referencia a Marat.

TRIBUNAL
RÉVOLUTIONNAIRE.

—*L'ami des bavards*, diría yo —sugirió Marie-Anne Paulze tildando a Marat de «amigo de los charlatanes». Sin embargo, en aquella ocasión ya no tuvo que bajar la voz, porque el griterío en aquella sala había alcanzado unos niveles suficientes para no temer que nadie pudiera oírla.

—¡Silencio! —gritaba Coffinhal sin lograr poner orden.

—Lavoisier se sienta hoy aquí por haberse opuesto firmemente a la propuesta de Fourcroy de exigir a todos los miembros de la Academia de las Ciencias una declaración inequívoca de lealtad a la República... —seguía Noël Hallé sabiendo que la sentencia de su defendido ya estaba firmada y limitándose a seguir enumerando los méritos de uno de los mayores científicos de toda la historia.

—¡Desalojen la sala! —gritó el presidente del Tribunal Revolucionario, viendo que había perdido completamente el control del juicio—. Conduzcan a los acusados a sus celdas hasta la ejecución... —dijo sin darse cuenta de que le había traicionado el subconsciente; todo el público se puso en pie para aplaudir—. Hasta la sentencia, hasta la sentencia —trató de corregir, a pesar de que ya nadie le escuchaba.

Pero la mirada que le dirigió Noël Hallé no dejaba ningún margen a la duda. Todo el mundo en esa sala sabía que la sentencia ya estaba dictada desde hacía mucho tiempo. Concretamente desde hacía meses. Estaba dictada desde el día en que Marat escribió un artículo sanguinario vertiendo toda su bilis contra Lavoisier por ridiculizarlo ante la Academia de las Ciencias y de toda París.

Marat había publicado unas teorías erróneas sobre el calor y las había difundido con un supuesto aval de los académicos franceses que en realidad no había obtenido. Estaba convencido de que ningún miembro de la comunidad científica francesa se atrevería a desacreditarlo en público. Pero se equivocó. Lavoisier no dudó en desmontar sus teorías, por falsas, y sus mentiras, sobre un aval científico que nunca había recibido.

El griterío en la Salle du Manège era enorme. Desde el anfiteatro empezaron a caer copias del artículo que Marat había escrito quince meses antes de aquel juicio acusando a Lavoisier con todo tipo de mentiras. El alboroto era tal que Jean-Baptiste Coffinhal no tuvo más remedio que volver a ordenar que se desalojara completamente aquel antiguo salón de bailes y recepciones reales.

Fue en medio de aquel caos que Antoine Lavoisier aprovechó unos instantes de desconcierto para acercarse a su mujer, y mientras le daba un último beso le puso una carta en sus manos. Ella la apretó con todas sus fuerzas mientras unos soldados los separaban y se llevaban al químico francés a su calabozo. No se atrevió a abrirla, sin embargo, hasta bien entrada la noche. Lo que leyó en ese mensaje no le sorprendió:

«Mi carrera está avanzada y siempre he disfrutado de una vida feliz. Esto ha sido gracias a ti, y sigue siendo así por las muestras de amor que me das. Cuando me haya ido, seré recordado con respeto. Mi tarea ya está hecha, pero tú, que no tienes ningún motivo para no esperar una larga vida, no debes desperdiciarla».

De esta manera se despedía aquella pareja que había vivido una historia de amor con unos inicios, por el contrario, nada románticos. En realidad, Lavoisier accedió a casarse con esa joven sin haberla visto nunca, únicamente para hacerle un favor a su futuro suegro. Marie-Anne, con solo catorce años, ya había atraído la atención y el interés de varios nobles, algunos de los cuales habrían podido ser perfectamente sus abuelos.

Jacques-Alexis Paulze, que ejercía como *fermier général*, empezó a recibir presiones de algunos pretendientes de su hija que tenían suficiente poder para no conformarse con una negativa, y solo la excusa de que su hija ya se había comprometido anteriormente con Antoine Lavoisier pudo detenerlos. Pese a ser un matrimonio de compromiso, los dos jóvenes se entendieron enseguida. Aceptaron los planes de Jacques-Alexis Paulze y se casaron a toda prisa.

Marie-Anne descubrió pronto que detrás de aquel joven y discreto trabajador de la empresa encargada de recaudar impuestos que dirigía su padre se escondía una de las mentes más brillantes de todo el continente. Se puso a estudiar, y en pocos meses empezó a trabajar en el laboratorio de su marido. Su aporte no fue en ningún caso anecdótico. Si el *Traitè élémentaire de chimie* es uno de los libros más influyentes de la historia de la ciencia, no lo es solo por su contenido, sino también por su forma. Es un libro ameno, sencillo de leer y que influyó decisivamente en la divulgación científica. Es un tratado lleno de esquemas, gráficos y descripciones precisas y detalladas de los experimentos llevados a cabo, así como del material, herramientas y unidades de medida utilizadas. Esos detalles permitían a cualquier lector repetir los experimentos descritos. De esta forma Paulze sentó las bases de uno de los pilares de la ciencia moderna: la reproducción experimental para confirmar una teoría.

Los dibujos de Marie-Anne crearían escuela y serían un punto de referencia para los tratados posteriores de casi cualquier disciplina científica. Además, su dominio del inglés permitiría que aquellos textos cruzaran el canal de la Mancha y el océano Atlántico en un tiempo récord, lo que contribuyó decisivamente a la merecida fama de Lavoisier.

El que posiblemente haya sido el mayor científico francés de toda la historia moriría en la guillotina el 8 de mayo de 1794, ejecutado pocos instantes después de su suegro y del resto de miembros de la *Ferme générale*. Nadie, a excepción de su esposa y de su amigo Noël Hallé, se acercó aquella gris mañana a la Place de la Concorde. Nadie movió un dedo para evitar esa condena injusta y cruel.

El matemático de origen italiano Joseph Louis Lagrange fue el único que se atrevió a denunciar públicamente, al día siguiente, aquel crimen contra uno de los padres del método científico, diciendo que «solo ha hecho falta un instante para derribar esta cabeza, y quizá pasarán cien años antes de que Francia vuelva a producir una similar».

Marie-Anne desoyó las recomendaciones de su compañero y se pasó los años siguientes tratando de reparar su honor y su memoria, y no paró hasta publicar la última obra de Lavoisier, las *Mémoires de physique et de chimie*. Fue detenida, encarcelada y tuvo que vivir varios meses de la caridad de una antigua criada de la familia que la acogió en su casa. Pero tan tozuda y valiente como la recordaba su marido, no se dio por satisfecha y quiso ir más allá.

Pese a que durante todo el matrimonio había mantenido su apellido de soltera, Paulze, después de la ejecución inició los trámites para cambiarse el apellido y llamarse Marie-Anne Lavoisier. Y hasta el día de su muerte, cuando ya era condesa de Rumford tras casarse con el estadounidense Benjamin Thomson, siguió firmando todos los documentos y cartas como Madame Lavoisier.

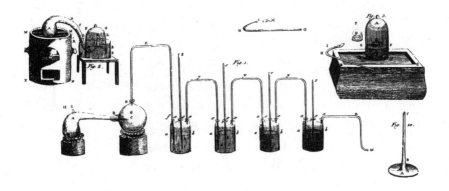

Soplaban vientos de cambio en Francia. El Reinado del Terror, tal y como sería bautizada aquella época, ya estaba llegando a su final, y daría paso a un Gobierno liderado por un militar excepcional: un joven nacido en Ajaccio que tendría dos cosas en común con Lavoisier. La primera era la amistad que le unía a Noël Hallé, que acabaría siendo su médico personal. La segunda era la pasión por la ciencia.

Muy pronto, Europa entera iría a remolque de Francia, tanto científica como militarmente, y ambos hechos tenían una relación más directa de lo que podía parecer a simple vista. Si los soldados franceses podían acertar a un blanco enemigo a doscientos cincuenta metros de distancia, cuando los disparos de los ejércitos rivales apenas superaban los ciento cincuenta metros, no era por su pericia, ni tampoco por las prestaciones de sus fusiles, sino gracias a la calidad de la pólvora que usaban. Solo uno de los muchos legados que Lavoisier dejó a un país que tan injustamente le trató.

M. & M.me Lavoisier

10. *ÉGALITÉ, FRATERNITÉ, MAIS PAS LIBERTÉ*

París (Francia), 30 de noviembre de 1813

Pierre-Simon Laplace, conde del Imperio, conocía bien aquel lujoso hotel del centro de París. Como todos los emplazamientos dignos de un hombre de su estatus social. Pero nunca había visto su *suite* principal en ese estado. Príncipes, comerciantes y nobles de toda Europa se habían alojado allí, aunque tardarían en poder volver a hacerlo.

Plantado en medio del pasillo, observaba atónito cómo la gente entraba y salía de la que había sido la mejor habitación del hotel hasta el día antes. Los criados de su huésped y los mozos del hotel trataban de salvar los pocos objetos de valor que podían encontrar en aquella estancia completamente quemada. No había podido conservarse prácticamente nada.

—Virgen Santa... —lamentó el director del hotel saliendo de la *suite* con las manos en la cabeza.

—Pero ¿qué ha pasado? —preguntó Laplace.

—¿No lo sabéis, excelencia? —preguntó el director al reconocer enseguida a su interlocutor—. Ayer se declaró un incendio.

—¿Un incendio? No, no sabía nada —comentó Laplace asomándose por la puerta—. Aquí parece haber pasado algo más que un incendio.

—Sí, después hubo una explosión —aclaró el responsable del hotel.

—¿¡Una explosión!? Pero ¿¡qué material teníais almacenado aquí!?

—¡El hotel nada! Fue el maletín de sir Davy. No sé qué tipo de productos químicos llevaba dentro.

—¿Alguien resultó herido?

—No, afortunadamente no. Dios no ha querido que hubiera ninguna desgracia personal.

—¿La señora Davy también está bien?

—Sí, ella y su criada habían salido a pasear por el centro.

—Ah, ¿así no estaban en el momento del incendio?

—No... —confirmó extrañado el director.

—Entonces, Dios no tuvo nada que ver. No ha sido suerte... ¿cómo iban a lastimarse si ni siquiera estaban aquí?

—Bueno... —balbuceó—. Pero ese chico y el señor Davy tampoco resultaron heridos por la explosión. Fue un milagro, no hay otra explicación —añadió señalando al ayudante de Davy, que salía cargado con una maleta medio calcinada.

—Nosotros tampoco estábamos aquí en el momento en que todo esto explotó. Habíamos ido a avisarle del incendio que se había declarado y oímos el estruendo mientras bajábamos por las escaleras.

—¿Lo veis? Causa y efecto. Dios no ha tenido nada que ver —insistió Laplace—. Vamos, chico, acompáñame a ver a sir Davy —dijo mientras el joven le conducía a una *suite* no tan lujosa como la que había quedado destruida.

—Dios tal vez no, pero ya podéis decir que habéis tenido

mucha suerte, vosotros dos —insistió el director del hotel al mozo levantando la voz mientras Laplace y el asistente personal de sir Davy se alejaban por el pasillo.

—¡La suerte no existe! —gritó Laplace sin darse la vuelta—. Estaba escrito que debía ser así, y punto —sentenció antes de entrar en la *suite* donde le esperaba el grupo de científicos con los que debía reunirse.

Nada más abrir la puerta se encontró con una buena representación de la Société d'Arcueil comiendo alrededor de una mesa muy bien parada. Por la cara que mostraban algunos de los comensales, las botellas que ya habían vaciado debían de estar a la altura del olor que desprendían los guisos que todavía había en el centro de la mesa. Varios criados se ocupaban de ir renovando aquellas delicias a medida que las platas quedaban medio vacías sin interrumpir la tertulia.

En uno de los extremos de la mesa estaba sir Humphry Davy, de pie, en mangas de camisa, contando alguna anécdota que hacía reír a todo el mundo.

—¡... y es la segunda vez! —finalizó vehemente mientras todos aplaudían—. ¡Oh! Monsieur Laplace, ¡qué honor! Venid a mi lado —lo invitó a sentarse cerca de él en cuanto cruzó la puerta—. Le traerán comida y bebida.

—¡Sobre todo bebida! —aclaró Claude Louis Berthollet levantando su copa.

—Les estaba explicando que la culpa del accidente de ayer es de un compatriota vuestro.

—¿De quién? —preguntó Laplace mientras se sentaba.

—Del señor Ampère.

—Vaya —dijo con un tono de desaprobación—. Ya ha llegado a mis oídos que este matemático autodidacta ahora se interesa por la química.

—Sí, y lo hace muy bien. Creía que hoy asistiría a la comida.

—Él no es miembro de la Société d'Arcueil —aclaró Berthollet refiriéndose a lo que, tal vez, era el grupo de científicos más importante del planeta en aquellos momentos, y que incomprensiblemente nunca acogió a André-Marie Ampère.

—Pues es una lástima, porque es un hombre con un

enorme talento. De hecho, el incendio de ayer se debió a unos experimentos que me propuso hace apenas unos días.

—Entonces, ¿ya se ha reunido con él? —preguntó Louis Joseph Gay-Lussac con curiosidad—. ¿Y qué le ha contado?

—Que está a punto de descubrir un nuevo elemento —dijo el inglés refiriéndose al yodo, que finalmente acabarían descubriendo el mismo Davy y Gay-Lussac de forma simultánea, pero independiente, a las pocas semanas.

Antes de que llegara mi buen amigo Laplace, habéis dicho que era la segunda vez. ¿A qué os referíais? —preguntó Berthollet.

—¡A mi ojo! —aclaró Davy señalándose el parche ocular que llevaba—. ¿O quién creéis que es el culpable de que parezca un pirata?

—¿Ampère? —preguntó Alexander von Humboldt, que seguía la conversación con atención.

—Efectivamente. Hace año y medio también me envió una carta para proponerme un experimento, ¡y ya veis el resultado! —exclamó mientras todos volvían a reírse por las gesticulaciones y el tono cómico con el que el inglés adornaba sus anécdotas.

—¡Culpa vuestra por hacerle caso! —replicó el alemán.

—¡No aprendéis! —se rio Berthollet.

—Si hubiera dirigido aquella carta a la Société, ahora el tuerto sería usted —especuló Davy señalando a Gay-Lussac.

—Sí, es un verdadero «patriota» —murmuró Laplace, que no podía entender la fijación de Ampère para enviar sus descubrimientos al otro lado del canal de la Mancha.

—Quizás aquí no encuentra con quien escribirse —insinuó Davy, poniendo el dedo en la llaga, mientras cogía una copa.

—Bueno, dejémoslo —concluyó Laplace—. En todo caso, ahora se ha encaprichado por la química, y si no mata a nadie o no se hiere él mismo —ironizó— seguro que pronto se dedicará a otra cosa. ¡Que no acabe interesándose por la electricidad! —bromeó Laplace sin saber que su chiste era casi premonitorio.

Aquella heterogénea, pero irrepetible, sobremesa podría haberse alargado días y nunca se habrían agotado los temas científicos que aquel reducido grupo de personas podía tratar. Hasta entonces sus reuniones siempre habían sido estivales, en las residencias vacacionales de Laplace o Berthollet, situadas en Arcueil, unos cinco kilómetros al sur de París. A veces podían alargarse varios días, obligando a algunos de sus invitados a pernoctar en las lujosas mansiones de los anfitriones.

De hecho, era la primera vez que la Société d'Arcueil se reunía en París en pleno otoño, pero el invitado lo valía. Humphry Davy quizás era el científico inglés más importante del momento, y pese a que su país se encontraba en plena guerra con el de sus contertulios no había podido rechazar aquella invitación. Todo el mundo, incluso en Londres, era consciente de que el centro neurálgico de la ciencia europea se había trasladado a París, al menos desde la época de Lavoisier. Por eso no había dudado ni un segundo cuando Napoleón Bonaparte le ofreció el máximo reconocimiento que otorgaba el Estado francés, la Legión de Honor, para premiar sus descubrimientos en electroquímica.

La Place.

Sir Davy y toda su comitiva tuvieron que viajar en un barco destinado a repatriar prisioneros hasta las costas francesas. Una vez allí, solo un salvoconducto pudo garantizar su seguridad mientras estuviera en territorio «enemigo». Sin embargo, en aquella improvisada comida, más que franceses, ingleses o alemanes, todos eran científicos.

Los temas de conversación se fueron encadenando a un ritmo tan frenético que el ayudante del invitado de honor apenas podía ir anotando todo lo que se decía. Aunque la presencia de químicos, como el mismo Davy y Gay-Lussac, y de naturalistas como Georges Cuvier llevó el debate hacia un terreno especialmente sensible para la ciencia de la primera mitad del siglo XIX.

A partir de la broma de Laplace, habían encaminado la conversación hacia los distintos experimentos con electricidad que el médico italiano Luigi Galvani había empezado a practicar con ranas, y que habían causado un gran impacto en todo el continente. De acuerdo con el imaginario colectivo, reforzado más tarde por la publicación de la novela *Frankenstein* de Mary Shelley, la ciencia estaba empezando a entender qué era la vida o, al menos, en qué se basaban los procesos de la vida, tanto desde el punto de vista químico —gracias a Davy, pero especialmente a Lavoisier— como desde el punto de vista físico.

—No sé si estamos cerca de poder entender qué es la vida —admitió Alexander von Humboldt humildemente—, vamos, al menos en lo que a mí respecta —confesó—, o si seguirá siendo un enigma.

—Nosotros tampoco, no crea —admitió su buen amigo Gay-Lussac—. No dejamos de ser alquimistas modernos.

—¿Alquimistas? Me temo que su modestia es exagerada —intervino Cuvier.

—Quizás no me he explicado bien. Quiero decir que yo intento acercarme al conocimiento a partir de los compuestos químicos. Me dedico a descubrir de qué piezas o materias primas está hecho el universo y todo lo que hay, incluida la vida —aclaró—. Pero yo nunca podré explicar por qué ocurren las cosas; esto lo dejo en manos de los físicos —sostuvo, señalando a Laplace—. Son ellos quienes deben averiguar qué fuerzas actúan a nuestro alrededor, o dentro de nosotros —bromeó, cogiendo la copa que estaba a punto de vaciar de un último trago.

—¿Dentro nuestro? —dudó Berthollet—. Somos química, eso es seguro, pero ¿quiere decir que también somos electricidad? ¿O magnetismo? —preguntó poniendo cara de incredulidad.

—Usted ha visto qué sucede cuando se hace pasar la corriente eléctrica por una rana muerta, ¿no? —replicó Gay-Lussac.

—Sí, pero... —insistió.

—Se lo diré de forma diferente, de químico a químico. Nosotros dos podemos poner todos los materiales descubiertos hasta ahora, y los que puedan descubrirse en un futuro, en un tubo de ensayo, pero no pasará nada. Por mucho que mezclemos con una cucharilla todos los compuestos químicos de que está hecha la carne, nunca podremos obtener vida en un laboratorio —afirmó Gay-Lussac anticipándose dos siglos a los experimentos de Stanley Miller—. Hace falta algo más.

—¿Queréis decir que este «algo más» es la electricidad? ¿O el magnetismo? —intervino Davy.

—Yo creo que sí.

—¡Habla usted como el loco de Galvani! —replicó Berthollet—. ¿Quiere resucitar una rana o qué? —rio.

—¿Qué opinión tiene usted? —preguntó Gay-Lussac al invitado.

—¿Yo? Pues que si pudiera resucitar algo no sería una rana, ¡antes lo probaría con mi ojo! —bromeó el químico inglés mientras todos se reían.

—Pero habéis realizado experimentos de este tipo, ¿verdad? —insistió Cuvier.

—Solo he investigado en el campo de la electrólisis, pero de ahí a generar vida... Mejor dejar eso en manos de Dios, ¿verdad, Michael? —dijo dirigiéndose a su ayudante, que, después de salvar varios objetos de la *suite* quemada, se sentaba ahora detrás de él, tomando buena nota de aquella conversación tan desordenada.

—Estoy de acuerdo. Quizá ese «algo más» necesario para que la vida fluya es Dios —dijo Claude-Louis Berthollet con un tono provocador.

—¡Pues ya no hay más que decir! —exclamó Laplace—. Demos por terminado el debate.

—Ja, ja, ja... Hacía demasiado rato que estabas callado, amigo mío.

—Hay afirmaciones que no pueden pasarse por alto —reconoció con una sonrisa.

—Entonces, ¿sois también de la opinión de que hace falta electricidad para que haya vida? —insistió Gay-Lussac.

—¿Tenéis una hipótesis mejor? —admitió el francés.

—¡Dios! —insistió Berthollet riendo.

—Claude-Louis —dijo Laplace—, hoy he bebido más de la cuenta. Así que si quiere decirme algo, hágalo directamente, no con unos subterfugios que no estoy en condiciones de entender.

—Ja, ja, ja... Vale, vale. Aquí va la pregunta: ¿por qué modificasteis vuestro libro? —le pidió sin tapujos—. En las últimas versiones señaláis a Dios como causa y origen de todo.

Os conozco bien y sé que esa no es vuestra opinión; además, tampoco estaba en las primeras versiones.

Pierre-Simon Laplace se quedó unos instantes en silencio mientras se iba llenando lentamente la copa, ante la mirada expectante del resto de científicos reunidos ese día.

—¿Queréis saberlo? ¿Queréis saber quién me «animó» a hacerlo? —dijo, dando a entender que la sugerencia fue mucho más que una simple recomendación.

—Creo que hablo en nombre de todos si digo que estamos ansiosos por oírlo —confirmó Berthollet cruzando la mirada con el resto de miembros de la sobremesa.

—Pues fue un exalumno —reveló causando cierta desilusión—. De todos los alumnos que he tenido será, sin duda, del que más hablarán los libros de historia del futuro: aunque nunca fue de los más brillantes. Se hablará más de él que de todos nosotros juntos. Pondrán su nombre a plazas, avenidas, escuelas, universidades, quién sabe si incluso a un coñac —bromeó levantando su copa.

—¿Habla de Napoleón? —preguntó en voz baja el ayudante de Davy sin poder contenerse—. Perdón —se corrigió enseguida, volviendo a su papel secundario.

—¡Premio para el joven! —admitió Laplace llenando los vasos del resto de comensales.

En la segunda mitad del siglo XVIII, el interés por la ciencia había empezado a brotar en toda Francia. Como también en todo el continente. Los logros alcanzados en Inglaterra por el grupo de científicos reunidos en torno a la Royal Society sirvieron de modelo e inspiración para miles de europeos. De repente, una generación entera de jóvenes dudó, por primera vez desde hacía siglos, si encauzar su formación a emular a emperadores como Alejandro Magno o físicos como Isaac Newton.

En la isla de Córcega, un talentoso joven nacido en Ajaccio tuvo la tentación de compaginar esas dos carreras tan alejadas entre sí. Aquel *petit caporal* con ambiciones incluso imperiales ingresó en la Academia de las Ciencias gracias a la carta de recomendación de Laplace, al que acabaría teniendo de asesor, y ocasionalmente de ministro, durante su trayectoria política.

Napoleón Bonaparte llegaría a ostentar el título de emperador de los franceses, pero nunca renunciaría a firmar documentos destacando también su pertenencia a una de las mayores sociedades científicas del planeta. Esta pasión por la ciencia no sería solo estética, sino que su compromiso con el conocimiento y la investigación le llevarían a convertir a Francia en un referente imprescindible en el terreno científico y tecnológico mucho más allá de su reinado.

No deja de ser curioso que sus habilidades militares solo fueran comparables a las que dos mil años antes había tenido un emperador macedonio con el que también compartía la pasión por el conocimiento científico. Quizás era simple casualidad, o quizás no. En todo caso, Napoleón nunca perdió el interés por aquellas disciplinas que había cultivado de joven, e incluso en sus últimos días, en la isla de Santa Helena, donde se llevó varios tratados de física, química y matemáticas de los que había ido posponiendo su lectura durante años. Antes, sin embargo, demostraría durante años su megalomanía atreviéndose a aconsejar a científicos de talla inmensa, como el propio Laplace, sobre algunos aspectos de sus obras.

—Fue después de leer algunos fragmentos de mi *Exposition du système du monde* que Napoleón reclamó mi presencia para hacerme algunas reflexiones —continuó Laplace—. Durante una hora le estuve explicando cómo a partir de una nube de polvo y gas se habían formado el Sol y el resto de planetas que orbitan a su alrededor. Escuchó atentamente y me felicitó diciéndome que ni siquiera Newton había podido explicarlo, ni tampoco aclarar por qué todos los planetas giraban en el mismo sentido.

—¡Seguro que estaba orgulloso de que un francés pasara por delante de Newton! —rio Von Humboldt.

—¡Y que lo digáis! —admitió Laplace—. Le aclaré que, de hecho, Newton sí lo había explicado: había dicho que Dios lo había diseñado de esa manera. Fue entonces cuando estuvo un buen rato interrogándome sobre el hecho de que en ninguna página de mi tratado hubiera hecho la más mínima referencia al Creador.

—¿Y qué dijisteis? —preguntó Davy.

—La verdad: que era una hipótesis que yo no había necesitado para escribir mi libro —concluyó Laplace levantando la copa mientras Cuvier le imitaba para brindar con él.

—Pero al final incluisteis a Dios en vuestra obra —intervino Berthollet.

—Dios no sé si existe, pero el diablo os aseguro que sí, y os puedo confirmar que se parece mucho a un Napoleón contrariado —confesó Laplace riendo—. En cualquier caso —prosiguió—, yo no descarto la existencia de un Creador que haya dado lugar a todo esto; solo afirmo que la hipótesis de Dios quizás puede explicarlo todo, pero no sirve para predecir absolutamente nada, ¿no opinan igual?

—Supongo que sí. Si al final todo lo que pasa tuviera a Dios como último responsable o causa, todos los de esta mesa nos quedaríamos pronto sin trabajo —confesó Davy con una sonrisa.

La sobremesa ya no se prolongó mucho más. Uno a uno los invitados se fueron retirando hacia sus respectivas residencias. Laplace fue el primero en despedirse cariñosamente de sir Humphry Davy, a quien aún le esperaban dos años de viaje por el resto del continente. Luego, su ayudante acompañó al físico francés hasta el carruaje. Sin embargo, durante el trayecto no quiso desaprovechar la ocasión de poder hablarle directamente.

—Eso que ha dicho sobre Dios, ¿realmente lo ve así? —preguntó impaciente nada más cerrar la puerta de la *suite*.

—¿Cómo?

—¿Que solo es una hipótesis?

—Pues sí —reconoció—. Mira, chico, no digo que no exista un Creador, ni tampoco puedo saber qué hay después de la muerte. Sencillamente digo que no necesitamos ningún Dios para explicar muchos de los fenómenos que nos rodean. Es posible que, de hecho, no sirva para explicar ninguno. Además, acudir a Dios es el final de todos los debates. Es el fin de la investigación científica.

—Eso es cierto, pero no sé si es muy reconfortante pensar que todo lo que pasa es culpa nuestra, ¿verdad? —argumentó mientras pasaban por delante de la *suite* quemada.

—Nada de lo que pasa es por nuestra culpa, créeme. Si acaso, es del destino.

—¿Cómo? ¿No cree en Dios pero sí en el destino?

—Mira, no creo que el destino sea un libro escrito por una entidad suprema; más bien creo que es como una ecuación en la que se recogen todas las fuerzas que actúan a nuestro alrededor. O en nuestro interior.

—No os sigo.

—A ver, ¿quién causó el incendio de ayer? ¿La suerte o el experimento?

—El experimento... —dijo, dudoso.

—La suerte no tuvo nada que ver. Si hubierais usado otros elementos, o no los hubieseis calentado tanto, todo habría sido diferente.

—Sí, por supuesto.

—De hecho, si Ampère le hubiera sugerido otro experimento también habría sido todo diferente, ¿no? —dijo mientras el chico asentía con la cabeza—. Si Ampère hubiera estudiado química, en lugar de querer aprenderla por sí mismo, quizás no le habría hecho cometer ese error, o quizás habría descubierto él mismo el elemento que estáis buscando.

—Discúlpeme, pero no entiendo a qué trae cuenta esto.

—Quiero decir que todo lo que ocurre tiene una causa y es una reacción a una acción previa. Al igual que vuestros experimentos. No es suerte, es una reacción que responde a unas leyes precisas que ahora estamos empezando a estudiar.

—Eso lo entiendo, pero ¿y el azar?

—¡No existe! —respondió vehemente—. Cuando tiras una moneda al aire no puedes saber si caerá de uno u otro lado, ¿verdad? Pero si supieras el peso exacto de la moneda, el número de vueltas que dará en el aire, la fuerza con la que se ha lanzado, las irregularidades del suelo, la fuerza del viento, etcétera; si conocieras todos los datos que intervienen, podrías saber con exactitud de qué lado caería. Sabiendo todas las variables, el futuro es previsible, y el azar se derrite como el hielo.

—Eso sería como ser dioses... —dijo el ayudante de Davy sin estar convencido.

—¡No! Seríamos científicos. Seremos científicos, solo científicos, porque conoceremos las leyes que actúan, pero no podemos modificarlas, ni crearlas, ni suprimirlas.

—¿Pero y todo lo que aún desconocemos?

—¡Exacto! Todavía. Has dicho «todavía». Imagínate que un día podemos tener una ecuación con todas las variables del total de fuerzas que actúan en el universo. Podríamos leer el futuro con tanta claridad como leemos el pasado, ¿no crees?

—Si lo he entendido bien, lo que dice es que el universo entero no es más que un enorme engranaje, como un reloj, del que ahora estamos empezando a estudiar las partes que lo componen.

—¡Exacto! Yo no podría haberlo descrito mejor.

—Por lo tanto, ¿el futuro de todo el cosmos está determinado por su momento actual? ¿Y antes? ¿Todo está determinado desde sus instantes iniciales?

—Eso creo. Quizás Dios dio el pistoletazo de salida, creó el mecanismo, dio cuerda al reloj, arrojó la moneda al aire, escoge el símil que más te guste. Eso no lo niego. Pero después de ese momento inicial, las fuerzas de la naturaleza lo han determinado todo sin necesidad de intervenciones sobrenaturales. Los milagros no existen, solo son hechos que todavía no sabemos explicar.

—Quiere decir que, si nunca llegamos a conocer la posición y el comportamiento de cada átomo del universo...

—La libertad, el libre albedrío si prefieres llamarlo así, desaparecerá —le interrumpió—. Somos átomos. Solo átomos. Todo lo que nos sucede, incluso las decisiones que tomamos, está determinado por el comportamiento de cada uno de nuestros átomos. La libertad no existe, es una mera ilusión. Nuestro futuro está definido y es imposible cambiarlo, al igual que el pasado.

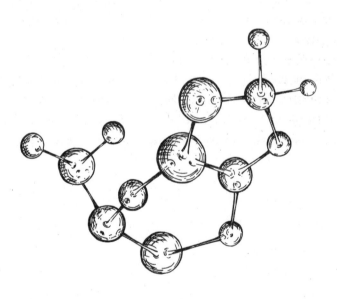

—Nunca me lo había planteado así.

—Créeme, chico, Newton ha sido el más grande de todos. A partir de él, todo esto —dijo ya en la calle, mirando el cielo estrellado— puede explicarse a partir de colisiones de planetas o de partículas microscópicas —afirmó, con unas palabras que Newton nunca habría firmado pero que en cambio Robert Hooke sí había anticipado.

El ayudante de sir Davy ya no respondió. Ayudó a Laplace a subir al carruaje y dio la orden de partida al chófer bajo la atenta mirada de uno de los científicos más importantes de todo el siglo XIX.

Laplace seguiría haciendo unas aportaciones a la física y a las matemáticas que le otorgarían el apodo del «Newton francés». No solo sería responsable de despejar algunas de las dudas que las leyes newtonianas habían generado entre varios científicos, sino que además se encargaría de simplificar sus fórmulas hasta unos niveles de extrema belleza. También formularía las bases del determinismo científico, de modo que la siguiente generación de científicos creería que el conocimiento absoluto era alcanzable. Su nombre acabaría luciendo en la Torre Eiffel junto con los de Gay-Lussac, Ampère y, obviamente, Lavoisier.

—Pareces un chico muy listo —dijo—. Aprovecha que trabajas para sir Davy, no podrías tener mejor maestro. Te lo aseguro.

—Lo sé, excelencia. Gracias.

—Por cierto —preguntó Laplace bajando la ventana del carruaje mientras ya se alejaba—, ¿cómo te llamas?

—¡Michael, excelencia! —gritó el chico—. Michael Faraday —añadió, aunque su interlocutor ya no podía oírle.

11. «HÁGASE LA LUZ»

Royal Institution, Londres (Reino Unido), 24 de diciembre de 1859

El carruaje se detuvo en Piccadilly Street esquina Albemarle Street. Llegaban tarde y James creía que era mejor recorrer los últimos doscientos metros a pie que en la carroza de caballos que los transportaba. La calle estrecha, llena de gente y con un palmo de nieve, dificultaba mucho la circulación de aquellos vehículos pesados y poco maniobrables. Mientras ayudaba a su esposa, Katherine, a bajar del taxi, le hizo un gesto al conductor para que se quedara el cambio. No había tiempo que perder.

Era la primera vez que esa joven pareja escocesa, casada un año y medio antes, visitaba la capital del Reino Unido. Al cabo de unos meses fijarían su residencia habitual en el número 8 de Palace Garden, en el barrio de Kensington. Allí vivirían felices durante los siguientes seis años. El motivo del traslado era el trabajo que James había aceptado en el King's College.

Hasta ese momento, la apretada agenda de James no les había dejado mucho margen para hacer turismo. La víspera de Navidad fue la primera ocasión que pudieron disfrutar de la ciudad y olvidarse de reuniones, premios, entrevistas, o de los preparativos para la inminente mudanza. Aun así, se les había hecho tarde.

La luz de las farolas de gas de la calle era insuficiente para esquivar a tiempo los charcos que la nieve, medio deshecha, iba creando cada pocos metros. Katherine suspiró.

—Un último esfuerzo, amor mío —dijo James animándola a no detenerse.

—Espero que valga la pena —respondió ella resignada, y acostumbrada, a la vocación de su marido.

—Es una experiencia única.

—Ya se está terminando —les informó un mozo mientras les abría las puertas de entrada a la Royal Institution—. No hay ni un solo asiento libre. Deberán quedarse detrás —aclaró el chico.

Se apresuraron a entrar en la sala donde se estaba llevando a cabo la conferencia a la que James había insistido en asistir. Al lado de la puerta, un cartel apoyado sobre un atril anunciaba el acto:

Royal Institution's Christmas Lecture 24th December 1859
«The Chemical History of a Candle»
by Michael Faraday, physic and chemist.
Royal Medal (1835 and 1848), Copley Medal (1832
and 1838) and Rumford Medal (1846)

La media de edad de las casi ochocientas personas que había en la sala fue lo primero que sorprendió, gratamente, a Katherine. En las primeras filas solo se podían ver niños que, a juzgar por su aspecto y vestimenta, provenían de distintos niveles sociales. La mayoría estaban boquiabiertos ante las ingeniosas, amenas y divertidas explicaciones que el anfitrión hacía desde el centro de la sala.

Para la inmensa mayoría, aquel era el primer contacto que tendrían con el método científico. Lamentablemente, para casi todos, también sería el último. Michael Faraday había instaurado aquellas conferencias en las vísperas de Navidad del año 1825, convencido de la necesidad de atraer a los más jóvenes, y desvalidos, hacia el mundo científico; y seguirían celebrándose en pleno siglo XXI.

Durante esa velada, que acabaría siendo su última participación en las democratizadoras *Christmas Lectures*, repetía la que sería la clase magistral más recordada del eminente físico inglés. Ayudado solo por su extraordinario bagaje científico y por una vela, introduciría a aquel joven público en los campos de la química y la física.

—El fuego es poderoso. Temible —subrayó, solemne—. El 2 de septiembre de 1666, Thomas Farynor, un panadero despistado, causó involuntariamente un incendio que casi destruyó Londres. Más de 80 000 personas perdieron su casa; 13 200 hogares quedaron completamente calcinados; las llamas se extendieron por 400 calles. Pero el fuego no es nada sin su imprescindible cómplice —añadió, poniendo una campana de cristal sobre la vela—. ¿Sabéis de quién hablo? —preguntó.

—¡El oxi…! —estuvo a punto de gritar a James como un niño más. Afortunadamente, Katherine fue lo suficientemente rápida para taparle la boca mientras le dirigía una enorme sonrisa y lo miraba enamorada.

—Sí que valía la pena venir —le susurró al oído—. Aunque sea para ver la cara que pones ahora mismo —añadió mientras James le daba un beso.

—¿El oxígeno? —preguntaron un par de niños desde la primera fila, dudando un poco.

—¡Muy bien! —confirmó Faraday—. Ninguno de los bomberos, arquitectos, médicos, policías y voluntarios que participaron en la extinción del incendio que devastó Londres hace dos siglos lo sabía. De hecho, en aquella época nadie sabía que existía este elemento, descrito por un francés, Antoine-

Laurent Lavoisier, hace apenas cien años. Pero sin oxígeno, el fuego no es nada —concluyó justo en el momento en que la llama se extinguía completamente.

—¡Bravo! —soltó impaciente James mientras el resto del público se ponía en pie y empezaba a aplaudir.

—Vamos, vamos, ya es suficiente —pidió humildemente Faraday—. Por favor. Gracias. Venga, tres preguntas, solo tres, que ya es tarde y todo el mundo querrá ir a la misa de Navidad —sugirió el religioso científico inglés.

—Señor Faraday —intervino un adolescente desde atrás—, ¿cómo es su graciosa majestad la reina Victoria? —dijo sin pensárselo dos veces mientras se dibujaban algunas sonrisas.

—Bajita —respondió ante la incredulidad de todos—, y muy inteligente. Va, otra. Pero esta vez que esté relacionada con el tema que nos ocupa —añadió mientras el autor de la primera pregunta se sonrojaba.

—Señor Faraday —dijo una niña desde un extremo de la sala—, mi padre dice que la ciencia es solo un entretenimiento al alcance de los ricos.

MICHAEL FARADAY.

—Bueno —comenzó Faraday mientras meditaba la respuesta—, para mí es mucho más que un pasatiempo o una afición: es el camino para entender las leyes con las que Dios ha creado el universo. No sé imaginar un propósito más noble que querer estudiarlas. En cuanto a si solo está al alcance de los ricos —prosiguió con calma—, yo diría que no, que la curiosidad es innata. Todo el mundo nace con ella. Nuestro trabajo, el de los mayores, los maestros, los padres, es seguir aportando combustible a ese interés. Si el fuego se alimenta de oxígeno, la ciencia lo hace de curiosidad.

—Pero todos estos materiales que ha usado son muy caros, ¿no? —insistió la niña.

—Quizás sí, pero no es necesario un laboratorio para hacer ciencia. Mira —dijo, viendo que no era capaz de convencerla—, ¿has desayunado hoy?

—Mmm... Sí, claro —respondió la joven algo extrañada.

—Pues ya has hecho más de lo que hacía yo a tu edad —aclaró mientras un murmullo de asombro se propagaba por toda la sala—. Yo nací en una familia pobre, muy pobre. No teníamos más que una barra de pan para pasar toda la semana. Es cierto —insistió ante la incredulidad que mostraban algunas caras—. Por eso de pequeño mi padre me hizo trabajar como repartidor de periódicos, para ayudar económicamente en casa. En cierto modo fue una suerte, porque podía leer las noticias todos los días. ¡Gratis! —confesó, produciendo una sonrisa generalizada—. Aprendí bastante, pero no tanto como cuando fui a trabajar para un encuadernador de libros. Allí pude leer aún más, y también gratis, ¿eh? —subrayó de nuevo—. Con todo lo que iba aprendiendo empecé a escribir un bloc de notas, una especie de diario personal donde anotaba, sobre todo, las ideas científicas que más me habían llamado la atención —prosiguió en medio del silencio que llenaba la sala completamente—. Y un día ocurrió algo maravilloso; solo Nuestro Señor podría haber querido recompensarme de ese modo, o quizás no fue suerte, sencillamente el destino —dijo pensando en las últimas palabras que le dijo Laplace en París—. En la librería

Riebau, donde trabajaba, entró el pianista William Dance, que de hecho era cliente habitual, pero aquella vez, por accidente, encontró mi bloc de notas y se lo llevó. Estuve semanas buscándolo, desesperado. Por último, cuando ya creía haberlo perdido para siempre, el músico vino a la tienda a devolverme mi diario y felicitarme por la calidad del texto. Para mi sorpresa, y sin decirme nada, había añadido seis invitaciones para las siguientes conferencias que sir Humphry Davy haría en la Royal Society. Fue así como pude conocer a uno de los químicos más importantes de la historia. Al poco, sir Davy perdió un ojo en un lamentable accidente de laboratorio inspirado por una carta de André-Marie Ampère. Sin embargo, su desgracia fue un golpe de suerte para mí, porque por culpa del accidente tuvo que buscar un ayudante, y así fue como empecé a trabajar a su lado.

Michael Faraday no pudo evitar emocionarse al recordar cómo había entrado en contacto con su mentor y cómo este le había abierto un mundo de posibilidades inimaginables para un chico de los suburbios más pobres de Londres. Pero el conferenciante de aquella noche fue muy educado y tuvo el suficiente tacto para no mencionar la envidia que Davy acabaría sintiendo por él. El talento de aquel joven autodidacta pronto superó con creces al de su tutor, hasta el punto de que cuando la Royal Society tuvo que decidir si admitía la candidatura de Faraday como miembro de pleno derecho, solo recibió un voto en contra, precisamente el de su mentor.

Humphry Davy, también de humildes orígenes, se había hecho famoso cuando, con apenas veinte años, había puesto en evidencia uno de los pocos errores cometidos por Antoine Lavoisier sobre el origen del calor. Después aislaría una amplia lista de elementos, desde el boro hasta el potasio, pasando por el sodio, el estroncio, el calcio o el magnesio. Pese a todas estas aportaciones a la ciencia, antes de morir confesaría: «Mi mejor descubrimiento ha sido, sin duda, Michael Faraday».

—Todo el mundo puede, y debe, entender el método científico, aunque sea humilde, aunque sea un niño...

—¿Aunque sea una niña? —le cortó una chica de mirada atenta sentada en primera fila.

—¡Por supuesto! —afirmó contundente—. ¿Sabes quién ha sido el mejor matemático inglés de esta primera mitad de siglo? —preguntó Faraday.

—No, no lo sé... —admitió la chica.

—Ada Lovelace, la hija de Lord Byron —aclaró un Faraday que había estado enamorado secretamente de esa mujer extraordinaria—. Ha hecho contribuciones a las matemáticas que algunos ni siquiera somos capaces de entender, pero el tiempo seguro que le pondrá en el sitio que merece y le reconocerá unos méritos que hoy no sabemos valorar en la justa medida —añadió Faraday hablando de la pionera del lenguaje informático, capaz de «programar» una calculadora un siglo antes del invento del primer ordenador.

—Señor Faraday... —exclamó un joven desde el fondo de la sala.

—Basta, basta —concluyó el físico—, por hoy ya es suficiente. Nos hemos divertido mucho. Espero, sinceramente, haber encendido una llama de curiosidad en vuestros corazones. Dudad, preguntad, cuestionad, estudiad, ¡sed críticos! Nunca dejéis de mirar el mundo con ojos de niño, o de niña —sugirió guiñando un ojo a una de las asistentes—. Ahora, todo el mundo a reunirse con sus personas queridas. Id con Dios. ¡Os deseo una muy feliz Navidad a todos!

¡*Morry Chistmas*, señor Faraday! —respondió la sala a coro como si lo tuvieran ensayado.

Después el conferenciante se volvió e hizo como si empezara a recoger, no con la intención de ordenar nada, sino para evitar unas felicitaciones que su carácter modesto no sabía encajar.

Aquella sería la última *Christmas Lecture* de uno de los científicos más apasionantes del siglo XIX. Nacido en la oscuridad de los suburbios londinenses, durante ese período nadie haría tanto como él para iluminar las mentes, y las calles, de los londinenses, independientemente de sus orígenes. O quizás sería más correcto decir que casi nadie haría tanto como él.

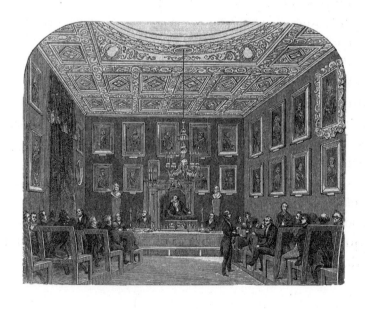

—Señor Faraday, disculpe —dijo James mientras la sala se vaciaba.

—¿Aún estáis aquí? —preguntó el físico girándose.

—Solo quería saludarle personalmente. Le presento a mi mujer, Katherine.

—Es un honor conocerle en persona —dijo ella.

—Sí, sí, gracias —apresuró Faraday, con ganas de poner fin a esa situación—. Si me disculpan —añadió, recogiendo los papeles de la mesa.

—Y yo me llamo James…

—James Clerk Maxwell —completó Katherine orgullosa subiendo el tono de voz, mientras Faraday ya tomaba la salida de la sala.

—Ah… ¿Usted? —preguntó Faraday, deteniéndose en seco y girándose—. ¿Así que es usted quien resolvió el enigma de los anillos de Saturno?

—Es un honor que se acuerde.

—La verdad es que me impresionó. Casi diría que me asustó la forma en que lo resolvió. Desde Galileo y Huygens seguía abierto el misterio de cómo podían ser realmente los anillos de aquel planeta, ¡y usted lo resolvió sin tener que mirar por ningún telescopio! —explicó dirigiéndose a la joven esposa de Maxwell—. ¿Se lo imagina?

—¿Y cómo lo hizo? —preguntó Katherine, a pesar de saber sobradamente la respuesta.

—Pues… —empezó Maxwell.

—Yo, que he dedicado toda mi vida a la experimentación —interrumpió Faraday mientras señalaba la mesa de trabajo del centro de la sala—, y un joven escocés va y resuelve el misterio de los anillos de Saturno, ¡usando solo las matemáticas! —insistió un Faraday que no había pecado de modestia cuando aseguró que no entendía los trabajos de Ada Lovelace, y es que uno de los puntos débiles de su formación autodidacta habían sido precisamente las matemáticas—. ¿A quién se le ocurre estudiar los anillos como si fueran un fluido en lugar de un cuerpo macizo? Fue muy audaz.

—Solo era un ejercicio matemático propuesto por William Whewell, párroco del Trinity College en aquella época. Pero a medida que trabajaba me di cuenta de que interpretar aquellos anillos como una nube de aerolitos era la única manera de explicar su estabilidad.

—Ni siquiera el gran Laplace pudo resolverlo, aunque se acercó mucho —matizó Faraday hablando de los famosos anillos que no serían fotografiados hasta el año 1980 por la sonda Cassini, que confirmó el acierto del modelo pro puesto por Maxwell—. Recibió el premio Adams por esos cálculos, ¿verdad?

—Sí, señor.

—Y ahora ha venido para trabajar en el King's College, y de paso recoger la medalla Rumford —añadió refiriéndose a un galardón creado por el segundo marido de Marie Paulze-Lavoisier.

—Es por mi trabajo sobre la naturaleza física de los colores.

—Tiene un futuro muy prometedor, James. ¡Aprovéchelo!

—Gracias, señor. Ahora mismo estoy centrado trabajando en la naturaleza de los fenómenos electromagnéticos.

—Ah, entonces era eso —resolvió Faraday, entendiendo el motivo que había llevado al escocés a esa *Christmas Lecture*, más allá de querer ver la conferencia sobre una vela—. Este es un tema que nos pediría más tiempo del que tenemos, me temo.

Michael Faraday tenía razón. Pocos misterios como el del electromagnetismo habían tardado tantos siglos en resolverse. En realidad, no era un misterio, sino dos, puesto que durante cerca de dos mil años todos los científicos habían creído que electricidad y magnetismo eran dos fenómenos independientes entre sí.

El primero que observó las extrañas propiedades de determinados materiales fue el gran sabio de Mileto, Tales. Por un lado, se dio cuenta de la capacidad que tenía el ámbar, llamado el *elektron* en griego, para atraer hojas, paja, plumas y otros materiales ligeros cuando lo frotaba contra su túnica. Además, también se interesó por un metal extraño capaz de atraer otros metales, como el hierro, y que como provenía de la región de Magnesia, al norte de Mileto, decidió bautizar con el nombre de *magnetita*.

Sin embargo, el padre de la filosofía natural no tenía las herramientas para poder ir más allá, y el origen y naturaleza de esas dos fuerzas quedaron como un misterio durante cerca de dos milenios. A partir de siglo XVII, científicos como William Gilbert, que descubrió que la Tierra se comporta como un imán, u Otto von Guericke, que explicó la electricidad estática, retomaron el hilo de la investigación.

Pese al renacido interés por aquellos dos campos de la física, no disponer de fuentes eléctricas con las que experimentar supuso un obstáculo insalvable durante décadas. Únicamente cuando científicos de la universidad holandesa de Leyden inventaron un recipiente capaz de cargarse eléctricamente, los investigadores pudieron disponer de un instrumento útil para el estudio. El estadounidense Benjamin Franklin fue el primero que cargó una botella de Leyden —bautizado así el recipiente inventado en Holanda—, con la descarga de un rayo, dando el pistoletazo de salida a los descubrimientos que se iban a suceder durante los años siguientes.

En 1785 Charles-Augustin de Coulomb descubrió que la fuerza eléctrica era inversamente proporcional a la distancia entre las dos cargas, una magnitud sospechosamente similar a la de la gravedad. Unos años más tarde Luigi Galvani descubría, por casualidad, que podía excitar los músculos de una rana muerta con una corriente eléctrica. A finales de siglo, Alessandro Volta, también sin proponérselo, inventaba la primera pila, un innovador sistema para almacenar electricidad mucho más eficaz que la botella de Leyden.

Sin embargo, a pesar de aquellos avances desordenados, el magnetismo seguía siendo un interrogante. Las aportaciones del danés Hans Christian Ørsted y de André-Marie

Ampère, que demostraron que podían desviar un imán con una corriente eléctrica, en lugar de aclarar, añadieron aún más misterio.

Justo en ese momento, un joven de orígenes humildes y autodidacta empezó a experimentar con esas dos fuerzas. Con solo veinte años, Michael Faraday descubrió la electrólisis, es decir, el fenómeno de la descomposición química mediante la electricidad. Al llegar a los cuarenta, hizo un descubrimiento mucho más importante: la inducción magnética, o, dicho en otras palabras, que un imán en movimiento produce una corriente eléctrica, y viceversa, que una corriente eléctrica puede mover un imán. De ahí a inventar un dispositivo de rotación electromagnética, base de los motores eléctricos que serían imprescindibles durante, al menos, los dos siglos siguientes, solo había un paso.

Con aquellos trabajos ya no quedaba ninguna duda de que electricidad y magnetismo eran dos caras de la misma moneda. Dos fuerzas hermanas basadas en unas cargas eléctricas que podían estar en reposo o en movimiento. Aún faltaba medio siglo para que alguien pudiera describir la estructura atómica y se descubrieran los electrones y los protones, las partículas subatómicas responsables de aquellos fenómenos, cargadas respectivamente con una polaridad negativa y positiva.

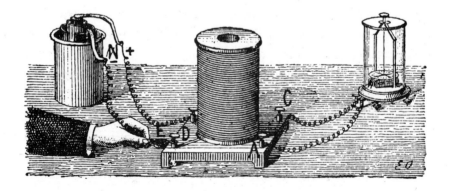

Sin embargo, con las pocas herramientas que disponía, Faraday fue mucho más allá. Sus carencias en matemáticas le obligaron a describir esa fuerza con un lenguaje nuevo, quizá demasiado nuevo para algunos de sus colegas. Fue así como ideó el concepto de campo electromagnético, una especie de fuerza que llenaba el espacio vacío entre dos cargas, pero que podía demostrar fácilmente en sus *Christmas Lectures* cuando esparcía limaduras de hierro cerca de un imán.

El concepto de campo debe ser imaginado como un conjunto de vectores y líneas de fuerza que dibujan el lugar y la dirección por donde actúan las fuerzas electromagnéticas; es utilizado en muchos otros terrenos de la física más allá del original.

En los últimos años de su vida, Faraday quiso profundizar en sus investigaciones mucho más allá de lo que la ciencia y la tecnología permitían. También superó los límites que los académicos de su tiempo podían asimilar. Así fue capaz de desviar un haz de luz con un imán, sospechando que la luz también tenía alguna relación con el electromagnetismo. Sin embargo, aquellos experimentos ni recibieron la atención que se merecía su enorme talento, ni fueron considerados más que una rareza por la inmensa mayoría de la comunidad científica. Con la salvedad de un joven escocés.

Los dos físicos siguieron charlando un buen rato, hasta que uno de los conserjes de la Royal Institution los invitó a marcharse. Katherine siguió con atención las disertaciones de uno y otro, mientras sus prejuicios sobre el traslado a Londres se desvanecían como la nieve bajo las farolas de gas londinenses. Hacía mucho tiempo que no tenía dudas sobre el talento de su joven marido.

Maxwell seguiría recogiendo premios y ampliando su fama en varios campos. Como el de la óptica, donde solo un año y medio después de esa velada haría la primera fotografía en color de la historia. Pero su futuro como científico estaría estrechamente ligado a Faraday. Durante la década que estaba a punto de iniciarse describiría con cuatro fórmulas todo lo que la falta de formación matemática del aprendiz de Davy no había podido concretar.

Sin embargo, el mérito de Maxwell no se reduce a poner orden en el terreno del electromagnetismo. Además de simplificarlo, lo dotó de las herramientas necesarias para un futuro que estaba empezando a encenderse, literalmente. Además, predijo la existencia de unas ondas electromagnéticas que serían descubiertas experimentalmente una década después de su muerte. Maxwell postuló que estas ondas debían tener una velocidad de trescientos mil kilómetros por segundo, una velocidad demasiado parecida a la de la luz para tratarse de una simple coincidencia. Fue así como encontró finalmente la relación entre luz y electromagnetismo, completando un puzle al que Faraday, Newton, Huygens o Hooke habían aportado unas piezas imprescindibles, pero a menudo inconexas entre sí.

Faltaban muchos años para el descubrimiento de los fotones y para que la ciencia demostrara que la luz no es más que un segmento del espectro electromagnético. En concreto, la luz es la estrecha porción de ese espectro que resulta visible para el ojo humano. La única diferencia entre las ondas de radio, de microondas, de telefonía móvil, los rayos X o los rayos gamma y la luz es que la frecuencia a la que se mueven las ondas entre el infrarrojo y el ultravioleta es detectable por los ojos de muchos mamíferos, incluyendo los humanos. Mientras que el resto no lo es. Nada más.

Saliendo ya del edificio, Faraday se detuvo un momento para contemplar el ligero tintineo de las farolas de gas, que no tardarían en ser sustituidas por un alumbrado eléctrico que iluminaría las calles de Nueva York, París y Londres antes de terminar el siglo. Pocos retos como el de la electricidad habían necesitado tanto tiempo y tantas aportaciones diferentes para completarse con éxito. Además de los Tales, Franklin, Ampère, Faraday y Maxwell, ese reto que cambiaría el mundo para siempre necesitaría la inestimable colaboración de ingenieros como Joseph Wilson Swan, Thomas

Alva Edison o el injustamente olvidado Nikola Tesla, sin los cuales el aspecto nocturno de las ciudades del siglo XXI no sería el mismo, especialmente en Navidad.

Michael Faraday moriría en 1867 y sería enterrado en una ceremonia discreta y familiar en el cementerio de Highgate, en el norte de Londres, tras rechazar el ofrecimiento que la reina Victoria le había hecho llegar para ser enterrado en la misma abadía de Westminster, justo al lado de la tumba de Newton. En todo ese siglo, no más de media docena de personas no pertenecientes a la familia real recibirían ese ofrecimiento. Ninguna otra provendría de uno de los barrios más pobres de Londres.

La ciencia y la tecnología estaban empezando a dibujar un futuro donde ningún reto parecía inalcanzable. Faraday no solo debe ser recordado por sus decisivas aportaciones a la física y la química; además, debe valorarse la forma en que lo hizo. Surgiendo de la más estricta pobreza y sin una formación suficientemente sólida, basó su carrera en la experimentación como nunca antes nadie lo había hecho. Los laboratorios se fueron convirtiendo en verdaderos centros de investigación y desarrollo en muy buena parte gracias a él. Los laboratorios Cavendish, en Londres, el de Edison en Menlo Park, Nueva Jersey, o el de Berlín deben ser considerados herederos directos de la tenacidad, el esfuerzo y la curiosidad de Faraday. El descubrimiento de la radioactividad por parte de la enorme Marie Curie y su marido Pierre o el núcleo atómico descrito por Ernest Rutherford son dos de los mejores ejemplos de una nueva generación de científicos que basarían sus logros en la experimentación realizada en el interior de los sus laboratorios.

La electricidad estaba a punto de hacer acto de presencia en las principales ciudades de todo el planeta, y rápidamente cambiaría la forma en la que los *sapiens* trabajaban, se movían o vivían. Todo tipo de artilugios y motores eléctricos permitirían la llegada de herramientas que solo unos años antes habrían parecido pura magia, y convencerían a muchos humanos que ni siquiera las estrellas serían inalcan-

zables si se lo proponían. Pero antes tenía que llegar un científico que iba contra corriente en muchos aspectos. Un científico cuya grandeza sería recordar al *Homo sapiens* que, por
muy lejos que le llevaran su ambición y su curiosidad, nunca
podría subir mucho más arriba que las ramas de un árbol.

—*Merry Christmas*, señor Faraday... —dijo Maxwell, contemplando cómo su admirado físico se alejaba bajo una
tímida nevada.

12. UN MONO LLAMADO ÍCARO

Downe (Inglaterra), 9 de marzo de 1882

La primavera meteorológica había llegado de repente al condado de Kent, en el sureste de Londres. Emma Wedgwood y su marido agradecían como nadie aquellos primeros rayos de sol matinales después de meses de lluvia y niebla. No calentaban mucho, pero eran suficientes para hacerles estar de mejor humor y olvidar, a ratos, el delicado estado de salud que él atravesaba.

No habían querido desperdiciar ni un instante de aquella bonanza, por eso llevaban unos días desayunando en el porche de casa y se sorprendían de cada nuevo capullo que les ofrecía, casi todos los días, su cuidado y variado jardín.

Mientras se terminaban el té, el cartero llegó puntual como un reloj.

—Ya voy yo —dijo Emma levantándose.

Charles la siguió con la mirada. Amaba mucho a su esposa, y siempre le quedaría una extraña sensación de estar en deuda con ella. No había motivos para sentirse así, pero habitualmente se referiría a su matrimonio con expresiones como «Tuve la inmensa suerte de que Emma accediera a ser mi esposa».

Mientras ella volvía ordenando la correspondencia, él la observaba con una dulce sonrisa oculta tras la taza de té.

—Hoy también hay un montón de cartas —lamentó volviendo a sentarse—. Todas para ti, evidentemente —añadió con complicidad—. Señor Charles Darwin; señor Darwin; señor Charles Robert Darwin... este no ha ahorrado tinta. ¡Mira! Incluso de Francia, monsieur Darwin —iba leyendo ella mientras su marido seguía más interesado en la contemplación del jardín.

—Ya las abriré después —aclaró sin dejar de seguir con la mirada un par de mariposas aleteando a pocos metros del porche.

—También hay un paquete, de un tal Walter Drawbridge Crick —leyó ella mientras lo zarandeaba cerca de la oreja—. Parece que hay algo dentro...

—¡No lo toques! —gritó Darwin, asustando a su esposa.

—¿Qué ocurre? ¿Qué he hecho?

—Hay un escarabajo vivo, podrías lastimarlo —explicó mientras le cogía el paquete y empezaba a deshacer el nudo.

—Menudo susto me has dado... —dijo ella poniéndose la mano en el pecho—. ¿No pensarás abrirlo en la mesa? —añadió al comprobar la impaciencia de su marido por ver al coleóptero.

—Hacía días que lo esperaba. Mira, ¿ves?

—Sí, lo veo perfectamente, un escarabajo asqueroso —se quejó Emma, que nunca llegó a acostumbrarse a la afición de su marido por la entomología.

—No, lo importante no es el escarabajo; lo importante es lo que tiene pegado en la pata. ¿Lo ves?, tiene un pequeño molusco bivalvo. Se enganchan para poder viajar gratis —bromeó—. Yo transporté uno, inconscientemente, en mi viaje en el Beagle —recordó con tono melancólico.

—Pues mira, hablando del Beagle, también hay una carta de la señora Maria Isabella FitzRoy —dijo abriéndola mientras Darwin levantaba las cejas—. Es una nota de agradecimiento, por el dinero que le enviaste.

—Cien libras no son mucho por todo el daño que le he causado.

—Charles, tú no tienes la culpa del suicidio de su marido. Sácate esa extraña idea de la cabeza de una vez por todas.

—Quizás no, pero ¿sabes que él siempre lamentó haberme llevado a bordo del HMS Beagle?

—El capitán FitzRoy tampoco tuvo ninguna culpa de que publicaras *El origen de las especies*. ¡Que manía en haceros responsables de hechos que no habéis provocado! A él, ese absurdo sentimiento de culpabilidad le atormentó toda la vida. No quiero que tú cometas el mismo error con su trágica muerte.

—Lo sé, lo sé. Pero es inevitable. A veces pienso en todo el daño que puedo haber causado involuntariamente a mi alrededor, y lo lamento.

—Ya sabes lo que opino de tus teorías. Seguramente, mi forma de pensar esté más cerca de la que tenía el malogrado capitán FitzRoy que de la tuya. Pero eres un hombre bueno, generoso como pocos, piadoso. Estas son las virtudes de un verdadero cristiano, aunque no admita serlo y se conforme en creer que solo es un mono —ironizó, alargándole la mano por encima de la mesa con complicidad—. El capitán FitzRoy tenía tendencias depresivas y suicidas mucho antes de conocerte. Le venía de familia, ya lo sabes. Así que deja de culparte por su muerte. Vamos, termínate el té.

—Discúlpame, Emma, si alguna vez te he herido involuntariamente.

—Charles, no cambiaría ni un solo instante de los que hemos vivido juntos. Has sido un marido dulce y atento, y un padre generoso y comprensivo. Ya sabía con qué tipo de hombre me casaba. Me advertiste de tus opiniones antes de la boda, aunque quizás te quedaste un poco corto —matizó bromeando mientras se quedaban mirando cariñosamente unos instantes.

—Je, je... Quizás sí —confirmó él.

—Bueno, me voy o llegaré tarde —dijo Emma mirando el reloj—. ¿Quieres venir?

—Mmm... No, hoy no. Tengo trabajo —respondió Darwin prudentemente señalando la carta que acompañaba el paquete, y el escarabajo.

—Pues le diré al pastor que quizá la próxima semana —añadió ella mientras le daba un beso en la frente.

Ambos sabían perfectamente que él jamás volvería a pisar una iglesia. Llevaba más de veinte años sin hacerlo. Había dejado de asistir a esos rituales justo después de la muerte por tuberculosis de su hija Anne Elizabeth, a los diez años, momento en que en sus memorias definiría como «el único

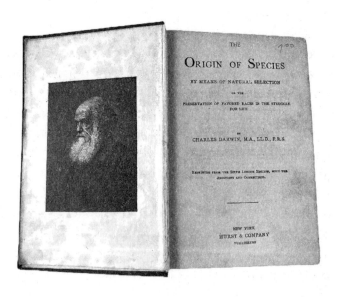

dolor muy severo de toda mi vida». Nunca pudo entender que un creador todopoderoso y bondadoso permitiera tanto dolor en una criatura tan pequeña.

Sin embargo, la pareja siempre mantuvo ese juego en el que simulaban que el alejamiento de Darwin respecto a la fe era solo temporal. Era una apariencia que el botánico inglés únicamente fingía en privado, por respeto a las creencias religiosas de su esposa. En público, en cambio, el ateísmo del botánico inglés, que él definía como agnosticismo, era de sobras conocido.

Su convencimiento sobre la innecesaria existencia de un creador todopoderoso para explicar cualquier fenómeno físico, geológico, astronómico, o biológico, era solo uno de los muchos argumentos que los detractores de su teoría usarían durante décadas en contra de ese genial naturalista que se había atrevido a bajar al primate más presuntuoso de todos de lo más alto del pedestal al que se había subido.

Darwin se equivocaba cuando creía que el suicidio del capitán del HMS Beagle había sido por culpa de sus publicaciones. Los trastornos mentales de Robert FitzRoy no tenían sus orígenes en la publicación de la obra de Darwin. En cambio, no podría haberse hecho la afirmación inversa, ya que muy probablemente la publicación de *El origen de las especies* sí que tenía como responsable último la inestabilidad emocional de FitzRoy.

Charles Darwin pasó el resto de la mañana recordando su viaje alrededor del mundo. La carta de la viuda de aquel vicealmirante conservador con el que había compartido tres comidas al día a bordo del legendario barco le había traído a la memoria algunos de los momentos más interesantes, y tensos, de una circunnavegación que duró cerca de un lustro.

Dejó en la mesa de su despacho el escarabajo y la carta de Walter Drawbridge Crick, con quien acabaría escribiendo el último artículo científico de su vida, justamente sobre el desplazamiento de moluscos bivalvos. Antes de dedicarse a esa tarea recuperó un pequeño baúl donde guardaba algunos objetos de su estancia en el HMS Beagle.

Había dibujos, conchas, mapas, caparazones, piedras, y también algunas cartas que nunca viajaron hasta Inglaterra. Entre ellas, una en concreto le llamó la atención. Iba dirigida al «tío Jos», Josiah Wedgwood, que en realidad era su abuelo materno, y que también era el abuelo de su prima Emma, con la que acabaría casándose.

La mediación que el tío Jos hizo con Robert Darwin había sido decisiva para permitir que el joven Charles, justo tras dejar los estudios de Medicina y poco antes de iniciar la carrera clerical, zarpara a bordo de un barco de la Marina británica, concretamente el 27 de diciembre de 1831. El rumbo de la nave era bien conocido. Pero el rumbo que tomarían su vida y la historia natural del planeta no podía imaginarlo nadie.

Acercándose a la ventana, y buscando el poco sol que entraba en aquella habitación oscura y aparentemente desordenada, Darwin se dejó llevar hacia el pasado mientras releía ese texto.

North Seymour Island, Islas Galápagos, 11 de octubre de 1835
Muy estimado tío Jos:

Hace solo cuatro semanas que hemos llegado a las islas Galápagos, pero debo confesarle que es como si ya las hubiera visitado antes. ¿Conoce esa extraña sensación que se tiene cuando al conocer a alguien por primera vez os resulta inexplicablemente familiar? Creo que los franceses lo llaman «déjà vu». Pues así es precisamente cómo me he sentido desde que llegamos a estas maravillosas islas.

Sus costas escarpadas, las aguas cristalinas, su misteriosa fauna. Por años que viva, nunca podré agradecerle suficientemente el esfuerzo que hizo para que mi padre autorizase este viaje. He visto, he oído y he sentido tantas cosas excepcionales que no sabría describirlas en una sola carta, ¡seguramente ni en cien! Ojalá tuviera la facilidad de Alexander von Humboldt para describir los paisajes que he contemplado. Su libro me acompaña durante muchos de los ratos de navegación que se hacen más pesados. Gracias, una vez más, por este regalo tan especial.

La estancia en el barco está siendo de lo más agradable. Todo el mundo es muy amable y comprensivo conmigo, especialmente durante los temporales que hemos atravesado en algunos momentos, como cuando estábamos cerca de la Tierra del Fuego. La tripulación, en general, y los oficiales, en concreto, siempre se han mostrado dispuestos a ayudar a este pobre geólogo amante de las piedras a superar los malos momentos que le hicieron pasar aquellas inmensas olas.

En especial, debo estar agradecido al capitán FitzRoy, que es un hombre educado y apacible que me presta más atenciones de las que merezco. Son muchas las noches que después de cenar me permite quedarme en su camarote compartiendo una copa de jerez mientras divagamos, y a menudo discutimos, sobre una gran diversidad de temas. Debo admitir que nuestras visiones son suficientemente divergentes en un amplio abanico de campos, pero nos esforzamos por entender la opinión del otro.

También debo confesarle que de vez en cuando —a menudo, si le soy sincero— sufre repentinos cambios en su estado de ánimo y una inocente divagación se convierte en una discusión acalorada. He perdido la cuenta de las veces que me ha echado de su cabina por haberle llevado la contraria. Como también he perdido la cuenta de las ocasiones que, al cabo de un rato, ha enviado a uno de sus oficiales para transmitirme sus disculpas y volverme a invitar a sus aposentos.

Cuando se producen estos episodios, recuerdo lo que me dijo el piloto e hidrógrafo de la nave, John Lort Stokes. Al parecer, el capitán FitzRoy siempre ha sido consciente de las súbitas alteraciones de humor que afectan a los varones de su familia. Por eso tuvo la idea de buscar un acompañante con quien pudiera compartir ratos e intentar atemperar sus estados de ánimo. Quería que este confidente no fuera militar ni estuviera sujeto a la jerarquía propia de un barco para que pudiera contradecirlo cuando hiciera falta. De ahí surgió la idea de hacer correr la voz que buscaba un naturalista que pudiera viajar a bordo del Beagle.

No deja de ser una paradoja que gracias a la inestabilidad de su carácter haya podido descubrir los cambios graduales, y quizás algún día previsibles, que se producen entre la flora y la fauna de una isla a otra.

Este es precisamente el otro punto que hace días que tengo la necesidad de compartir con alguien, pero no me atrevía a hacer. Tampoco tenía claro a quién dirigir mis dudas. Soy consciente de que no puedo pretender que usted me aclare las preguntas científicas que me hago últimamente, pero quizás pueda ayudarme a resolver cómo están incidiendo en otros aspectos de mi personalidad, y en especial sobre mi fe.

Cada isla que pisamos nos descubre nuevas especies de flora y fauna. Esto no debería sorprenderme. Lo que sí me ha llamado la atención es que los cambios son muy pequeños, inapreciables la mayoría de las veces. Pero al final del recorrido, entre la primera isla visitada y la última, la acumulación de estas pequeñas modificaciones acaba por dar lugar a lo que parece una especie completamente diferente.

El gobernador de la isla Floren, Nicholas Lawnson, hace unos días apostó treinta chelines a que era capaz de determinar de qué islote era una tortuga mirando un caparazón que, a simple vista, parecía idéntico a los demás. Efectivamente, he podido comprobar que los caparazones de las tortugas, así como las alas y los picos de los pinzones parecen variar poco a poco de isla en isla y, al final, se pueden clasificar geográficamente.

¿Por qué motivo? ¿Acaso todos estos animales vivían en una sola isla que se acabó partiendo a causa de algún gran movimiento terrestre? A lo largo del viaje hemos podido ver cómo algunas erupciones o terremotos hacían aparecer nuevos islotes con la misma facilidad que se tragaban otros bajo las aguas del océano. ¿Acaso a cada cambio del terreno las especies que habitan acaban adaptándose a sus nuevas necesidades? Y si es así, ¿cómo lo hacen? ¿Mediante qué mecanismos la naturaleza selecciona los especímenes que mejor se adaptan y acaba descartando los menos aptos?

La respuesta del capitán FitzRoy cada vez que insinúo estas preguntas es obvia: «Dios lo ha querido así». Pero ¿qué Creador se habría dedicado a esparcir especies que divergen tímidamente unas de otras por estos recónditos islotes casi olvidados?

A lo largo del viaje he podido estudiar varias excavaciones de estratos fosilizados. Las diferencias entre los diferentes niveles, es decir, entre las distintas épocas, recuerdan mucho los cambios graduales que he podido apreciar en las islas que forman el archipiélago de las Galápagos. Es como si las especies fueran cambiando de siglo a siglo, al igual que lo hacen de isla a isla. Cuando me doy cuenta de la similitud entre estos dos procesos me pregunto ¿con qué objetivo se crearon unos animales y plantas que después se acabarían extinguiendo? Sé que la pregunta puede parecer ofensiva a cualquier creyente, también a mí, pero soy incapaz de dejar de hacérmela. Necesito encontrar una respuesta, pero cuanto más pienso en ello, más me acerco a una teoría que ahora mismo no me atrevo a confesar a nadie.

Los humanos somos unas criaturas maravillosas, con unas habilidades excepcionales. Es sencillamente imposible pensar que no somos fruto de la máxima obra de un Creador supremo. Pero cuando observo las pequeñas variaciones entre los animales encontrados a lo largo del viaje y las comparo con las diminutas diferencias en el color de la piel o del cabello de las distintas razas que hemos conocido, me doy cuenta de las similitudes entre un fenómeno y otro. ¿Cómo podemos afirmar que estos seres tan cruelmente esclavizados son disímiles a nosotros? ¿Qué Creador permitiría que algunas de sus criaturas más maravillosas fueran tratadas como animales, o a veces incluso peor?

Me siento incapaz de resolver satisfactoriamente estas dudas yo solo. Lo que menos desearía ahora mismo es volver a decepcionar a mi padre. Abandonar los estudios de medicina ya fue un golpe que no encajó fácilmente. No me atrevo, de momento, a confesarle las dudas sobre mi carrera pastoral. También lamento profundamente inquietaros con estos pensamientos, precisamente a vos que tuvisteis la delicada tarea de convencer a mi padre que los estudios naturalistas eran muy adecuados para un futuro pastor.

No existe en mis razonamientos la más mínima sombra de rebeldía. Las preguntas que me hago no surgen de una pretenciosa voluntad de llevar la contraria. Ni siquiera aspiro a la efímera fama de formular una nueva teoría sin una sólida base científica. Solo busco respuestas. No puedo dejar de pensar en ello...

Darwin levantó la cabeza y miró al jardín por la ventana. La carta estaba inacabada. Recordaba como si fuera ayer que, a medida que iba escribiendo esas últimas líneas, se daba cuenta de que ni la forma ni el destinatario podrían ayudarle en su particular búsqueda de la verdad. Tampoco quiso agobiar a su familia con unas cuestiones que, en ese momento, era incapaz de prever hasta dónde le llevarían.

La primera persona a quien el botánico confesaría algunas de sus inquietudes, mucho antes de convertirse en teorías, sería su antiguo mentor, John Henslow. Este quedó tan maravillado por las cartas que le llegaban desde el Beagle que decidió compartirlas con otros naturalistas. Cuando el barco regresó a Inglaterra el 2 de octubre de 1836, Darwin ya era una celebridad en determinados círculos científicos.

Henslow le animó a reclutar un grupo de botánicos y geólogos que le ayudaran a clasificar todo el material que había ido recogiendo durante los cinco años de viaje. Aquella importante labor, financiada por un padre comprensivo y orgulloso del renombre que iba adquiriendo su hijo en ciertos ambientes académicos, no tardó en dar sus primeros frutos. Al cabo de unos meses, en su cuaderno de notas, ya aparecían preguntas como «¿por qué mecanismo una especie se convierte en otra?» o aseveraciones como «no puede afirmarse que ninguna especie sea más evolucionada que otra».

Charles Darwin, en la habitación de su casa de Downe, iba rejuveneciendo a medida que recordaba aquella época. Nunca fue capaz de describir lo que sentía mientras su cerebro iba formulando una teoría que debía ser una de las más revolucionarias jamás imaginadas por una mente humana aficionada a coleccionar flores y escarabajos. Ni siquiera a

DARWIN TESTING THE SPEED OF AN ELEPHANT TORTOISE (GALAPAGOS ISLANDS).

su amada Emma pudo jamás describirle con palabras qué se siente cuando se está tan cerca de resolver uno de los enigmas más antiguos y misteriosos de todos los tiempos.

Darwin tardaría dos décadas en completar su teoría. Finalmente, el 22 de noviembre de 1859 publicaría *El origen de las especies*. Justo un siglo después de que aquel cometa previsto por Edmond Halley visitara la Tierra confirmando el anuncio realizado por el amigo de Newton. Cien años pueden parecer mucho tiempo. Pero para la ciencia fue apenas un instante. La mecha del conocimiento encendida por el *Principia Mathematica* de Newton, y que su amigo Halley había sabido interpretar como el inicio de una nueva era científica, había desatado una explosión sin precedentes. La onda expansiva había llegado a todas las disciplinas científicas, también a la biología, y había hecho tambalear incluso los cimientos del pedestal donde se había encaramado un primate que se consideraba especial. Y en cierto modo lo era, pero quizás no de la forma que había creído hasta ese momento.

Pese a que esos recuerdos le hicieron hervir la sangre el resto del día, su salud ya no mejoraría. Desde el interior de su despacho vio cómo Emma volvía de misa. Hacía meses que no se entretenía mucho, y procuraba que sus ausencias fueran lo más cortas posibles. Justo al cruzar la puerta del jardín le dirigió una dulce mirada a su marido. Sería una de las últimas. Darwin moriría el 19 de abril de 1882 de una trombosis coronaria.

Abadía de Westminster (Londres), 26 de abril de 1882

El funeral terminó con la *Marcha Fúnebre* de Beethoven. Las últimas notas de los arreglos sobre aquella pieza musical del propio Frederic Chopin —antiguo maestro de piano de Emma Wedgwood— dieron paso al silencio. Solo algunos llantos, alguna tos contenida demasiado rato, y los pasos de la gente abandonando la Chapter House de la abadía de Westminster rompieron aquella quietud. Acababan de enterrar a una de las cinco únicas personas no pertenecientes a la monarquía que serían sepultadas allí a lo largo del siglo XIX.

Los invitados y los curiosos fueron los primeros en desfilar. Luego se irían amigos y familiares. Solo un par de íntimos colaboradores del botánico decidieron permanecer un rato en silencio. Callados. Mirando esa lápida recién colocada.

—«Charles Robert Darwin. Nacido el 12 de febrero de 1809. Muerto el 19 de abril de 1882» —leyó lacónicamente Thomas Henry Huxley, quizás uno de los más fervientes defensores de la teoría de su gran amigo.

—«Aquí descansa sir Isaac Newton. Caballero con una fuerza mental casi divina...» —empezó a leer Alfred Russell Wallace, a pocos metros de distancia, el epitafio del monumental mausoleo dedicado al físico inglés—. Se harán compañía. Sonrió.

—¿Cree que serán amigos? —preguntó Huxley.

—«... defendió la Majestuosidad del Todopoderoso...» —respondió irónicamente Wallace, citando otro fragmento del epitafio de Newton—. No lo sé. Los genios tienden a entenderse entre sí, aunque con este de aquí nunca se sabe —bromeó en referencia al carácter del autor del *Principia*.

—Quizá sea mejor así. Si por separado ya han transformado nuestro mundo, juntos no sé de qué serían capaces.

—¡Y todavía falta Faraday! —respondió Wallace señalando la placa conmemorativa de su muerte, justo en el lugar reservado para enterrar sus restos si el modesto padre del electromagnetismo hubiera aceptado el ofrecimiento de su majestad la reina Victoria.

—¡Mirad! —cambió de tema Huxley, sacando un recorte del último ejemplar de la revista *Nature*—. Es del pasado 6 de abril.

—Lo tengo en casa, pero todavía no he tenido tiempo de leerlo.

—Habla de la dispersión de moluscos bivalvos de agua dulce que se enganchan a otros animales para poder moverse y desplazarse a grandes distancias.

—Lo sé, me hizo un par de consultas antes de enviarlo —explicó un Wallace que merece ser considerado coautor de la teoría de la evolución, pese a que su afición al espiritismo y otras actividades paranormales le restó credibilidad y fama en entornos científicos durante décadas.

—A quien no conozco es a la otra persona que firma el artículo, un tal Walter Drawbridge...

—Crick —completó Wallace—, se llama Crick. Un zapatero aficionado al naturalismo, por lo que me comentó Charles.

—Pues poco se imagina el honor que supondrá lucir su apellido junto al de Darwin en su último artículo —sentenció Huxley mientras ambos abandonaban la capilla de la abadía de Westminster.

Aquellos dos amigos y colaboradores del padre de la teoría de la evolución nunca dejarían de buscar pruebas que apoyaran el modelo propuesto por el tripulante más famoso del HMS Beagle. Nunca dejarían de encontrar evidencias que avalaran su veracidad, a pesar de los esfuerzos que legiones de charlatanes seguirían haciendo durante décadas, quizás siglos, para ignorarlas. Haber bajado al *Homo sapiens* de aquel majestuoso y, para algunos, místico pedestal al que él mismo se había subido no sería un «crimen» fácil de olvidar para los más fanáticos.

Aquel botánico nacido en Shrewsbury había construido el marco de un puzle gigante y maravilloso que cientos de científicos de todo el planeta irían completando a partir de ese momento y durante el siguiente siglo. Pero para que su teoría fuera verificada hacían falta una serie de elementos.

Era necesario demostrar que la edad del planeta no se contaba en miles de años, como afirmaba la Biblia, sino en millones, tal y como el propio Halley ya había sugerido a partir de la concentración de sal en los océanos.

Hacía falta también una geología moderna que demostrara cómo se podía modificar el relieve de la corteza terrestre a lo largo de los siglos, provocando cambios que obligaran las especies a adaptarse a ellos. Estas alteraciones de los ecosistemas, que ya había empezado a explicar Alexander von Humboldt, se verían apoyadas por la descripción de la complejidad del interior terrestre que haría la sismóloga danesa Inge Lehman, y por la teoría de la deriva continental propuesta por Alfred Wegener.

También requería que exploradores, aficionados y profesionales de todo el planeta fueran completando el registro de fósiles de especies extinguidas siguiendo el camino iniciado por la paleontóloga Mary Anning, quizás la mejor «cazadora» de fósiles de dinosaurio de todos los tiempos.

Y, finalmente, se necesitaba una biología que fuera tratada como cualquier otra disciplina científica. Tal como harían el propio Darwin, Russell, Huxley o Jean-Baptiste Lamarck en Francia a lo largo del siglo XIX, o como Robert Hooke, e incluso Anaximandro, habían intuido muchos años antes.

La teoría de la evolución, una de las teorías más completas y complejas de la historia de la ciencia, ya estaba lista para ponerse a andar sobre dos piernas: la selección natural, de la que Darwin, sin lugar a dudas, ha de ser considerado el nombre más representativo; y la descendencia variable, la cual tardaría décadas en demostrarse.

Cómo cambia gradualmente una especie de una generación a otra; cómo se acumulan estos cambios a lo largo de los siglos; dónde se registran y almacenan las instrucciones para cualquier ser vivo del planeta, era algo que aún tardaría un siglo en esclarecer. No se conseguiría hasta 1953, cuando la química Rosalind Franklin descubrió la doble hélice de ADN.

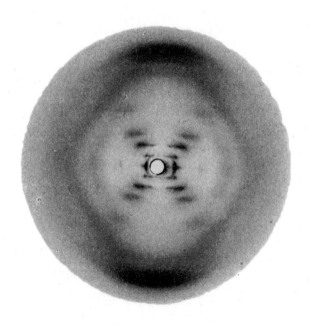

Ese experimento permitió al doctor James Watson describir, también en la revista *Nature,* la estructura de la molécula que contiene la clave de la vida y sus cambios. Serviría para comprender que aquella maravillosa generación de científicos provenía directamente de la madriguera de los primeros mamíferos placentarios. Aquella molécula de bases nitrogenadas llamada ADN permitiría enlazar un día el linaje de los *sapiens* con los *Sahelanthropus tchadensis,* los *Austhralopitecus aferensis* y todo el resto del género *Homo.* Ya fueran *habilis, ergaster* o *neanderthalensis.*

El Premio Nobel de Fisiología y Medicina en 1962 reconocería ese descubrimiento excluyendo injustamente a Rosalind Franklin de la lista de galardonados. El premio recayó en el doctor Watson y en un colega suyo, un hombre poco amante de ir a la iglesia y que había tenido que huir del Reino Unido durante la Segunda Guerra Mundial. El segundo premiado por el descubrimiento de la molécula de la vida respondía al nombre de Francis y se apellidaba Crick. Igual que su abuelo paterno, un zapatero inglés aficionado a buscar moluscos bivalvos en agua dulce.

13. VER EN LA OSCURIDAD

Rawlins (Wyoming), 29 de julio de 1878

—¡Pide un deseo!

—¿Ahora?

—¡Sí! ¡Vamos, rápido!

—Pero así, de repente...

—Oh, mira que eres aburrido a veces. Esfuérzate un poco, vaaa... —insistió Annette poniendo aquellos ojos que él era incapaz de contradecir.

—A ver —meditó rascándose la barba—. Pues deseo que nada cambie —declaró James finalmente.

—¿Cómo?

—Quiero que todo siga igual que ahora. Para siempre. Que el tiempo se detenga. Que las nubes no corran, que los pétalos no caigan, que nosotros no envejezcamos nunca

—añadió mirándola fijamente a los ojos, mientras las mejillas de Annette enrojecían tanto que casi se mimetizaban con el color de sus cabellos rizados.

—Ahí has estado bien —admitió ella, retomando el control de ese juego—. Podías pedir cualquiera cosa que se te antojara, pero esta no me la esperaba.

—¿Y qué pensabas que diría?

—Habría apostado a que pedirías descubrir un nuevo planeta.

—Entonces, ¿no te gusta lo que he pedido?

—Yo no he dicho eso. Pero el tiempo es un valor absoluto, no puede detenerse ni acelerarse.

—Precisamente. Se trataba de pedir un deseo, ¿no? Por definición hay que pedir algo imposible, inalcanzable por otros medios. Algo que desees con todas tus fuerzas y que no puedas comprar ni con todo el dinero del mundo —respondió James mientras sus dedos se cruzaban sensualmente con los de su mujer.

—¿Descubrir planetas no forma parte de esta categoría de deseos?

—No, al menos desde que Newton iluminó la oscuridad en la que vivíamos. Hoy, tú y yo descubriremos un nuevo planeta del sistema solar, y no será por la concesión de ninguna estrella fugaz ni de ninguna lámpara mágica, sino gracias a la aplicación de unos sencillos cálculos matemáticos.

Los corazones de James Craig Watson y de Annette Waite se aceleraron. Ese día, los sentimientos que sentían el uno por otro y el eclipse que estaban a punto de presenciar eran responsables a partes iguales. Seguro que no era la primera pareja de la historia que vivía intensamente ese fenómeno astronómico, pero las cosas habían cambiado mucho desde la publicación del *Principia Mathematica*.

A finales del siglo XIX ya nadie temía los eclipses, ni siquiera los solares. Los *Homo sapiens* parecían haber enterrado definitivamente, o casi, la era de los brujos, y nadie veía en aquellos fenómenos ningún presagio funesto, ni el inicio o el fin de ninguna era. Se trataba sencillamente de una ocultación del Sol por parte de la Luna desde la perspectiva terrestre.

Hacía casi veinte años que habían iniciado aquella relación en la que la pasión de ambos por la astronomía los había llevado a dar la vuelta al mundo buscando siempre el lugar más adecuado para realizar sus observaciones. Juntos recorrieron los cinco continentes. Solo se separaron en una ocasión. Fue en la expedición a China para estudiar el tráfico de Venus. James tuvo que hacerla en solitario debido a una leve enfermedad de Annette. Las fotografías del paso de Venus por delante del Sol que el científico canadiense tomó desde Pekín le dieron renombre internacional, al menos entre la comunidad científica.

La especialidad de James era «cazar» asteroides con su cámara. Ya había descubierto y estudiado más de una veintena antes de aquella expedición a las montañas de Rawlins, en el estado de Wyoming. Ese día, con la ayuda de su mujer, estaba preparado para hacer uno de los hallazgos más apasionantes para cualquier astrónomo: descubrir un nuevo planeta. Pero, a diferencia de la mayoría de descubrimientos planetarios anteriores, en aquella ocasión ni la suerte ni la paciencia eran sus mejores aliados. Su «arma secreta» eran las matemáticas.

Hacía semanas que se estaban preparando para esa expedición. Equipándose. Haciendo y revisando todo tipo de cálculos para poder observar con detalle el noveno planeta del sistema solar. Su proximidad al Sol y sus reducidas dimensiones lo habían hecho invisible al ojo humano, y también a los telescopios. Hasta ese día. Desde la revolución impulsada por Isaac Newton, aquella familia de frágiles primates bípedos había aprendido a ver incluso en la más absoluta de las oscuridades.

James y Annette, impacientes y excitados, habían madrugado para llegar a la zona de observación antes del amanecer. Abrazados bajo una manta de cuadros, gozaron de la calma y la paz de un precioso paraje antes de la llegada del resto de científicos que iban a congregarse para estudiar ese fenómeno. Pero la tranquilidad duró poco rato.

—¡Míralos! —señaló Annette—. Ya llegan.

Una veintena de personas aparecían cargadas con todo tipo de utensilios y herramientas para observar el eclipse y para realizar diferentes experimentos. Solo dos miembros de la comitiva parecían liberados de las tareas más pesadas, y avanzaban caminando con las manos en los bolsillos charlando distendidamente. Uno era el profesor Draper, que hacía de anfitrión; el otro, uno de los nombres más importantes de toda la historia de la tecnología: Thomas Alva Edison, que quería probar *in situ* su último invento, el tasímetro.

—Me pareció que alguien llamaba a la puerta de mi habitación —contaba el Mago de Menlo Park—. Cuando la abrí, apareció un *cowboy* borracho...

—¿A qué se refiere con un *cowboy*?

—¡Un pistolero!

—¡Venga! —exclamó sorprendido Draper.

—¡Os aseguro que no me lo invento! Entró en la habitación, desenfundó el revólver y desde la ventana disparó contra la veleta que estaba encima del depósito de agua del otro lado de la calle —prosiguió Edison.

—¡No puede ser!

—¡Os doy mi palabra de que así sucedió!

—Parece increíble. ¿Y qué quería?

—Nada, solo demostrarme su habilidad con la pistola.

—Era un admirador del señor Edison —intervino James Craig Watson, que ya había oído aquella anécdota media docena de veces durante los últimos días.

—No os riais —dijo el famoso inventor de la bombilla incandescente—. Que por un momento me asusté bastante. «Texas Jack», así dijo que se llamaba —concluyó su relato mientras todos seguían riendo—. Pero va, pongámonos a trabajar que el Sol no nos espera. ¿Preparado para hacer historia, señor Watson?

—Siempre —intervino orgullosa Annette.

—Con una mujer como esta a su lado, y con la ayuda de Newton —dijo el profesor Draper—, no sé lo que podría fallar —vaticinó, frotándose las manos para intentar apartar el frío.

El profesor Draper estaba en lo cierto. El método que usarían para descubrir ese nuevo planeta no podía fallar, y de hecho ya había demostrado su eficacia en el Viejo Continente tres décadas antes.

El profesor Johann Franz Encke estaba echando una siesta en la silla de su despacho. Tenía un aspecto curioso, con la cabeza caída hacia delante, despeinado y con el nudo del corbatín deshecho. Nadie habría dicho que ese hombre sin afeitar y de aspecto dejado era el director del observatorio de Berlín. Exalumno aventajado de Carl Friedrich Gauss, había estrenado uno de los observatorios más modernos de Europa gracias a la mediación de su amigo Alexander von Humboldt ante el rey de Prusia, Federico Guillermo III.

Cuando sus dos jóvenes ayudantes regresaron de comer, entraron tratando de no hacer ruido para no despertarle. Como de costumbre. Pero en aquella ocasión, Heinrich Louis d'Arrest, que entraba clasificando la correspondencia y sin mirar dónde pisaba, tropezó con un viejo y olvidado astrolabio, produciendo un estruendo de consecuencias fatales para el sueño del profesor Encke.

—¿¡Qué ocurre!? ¿¡Quién es!? —gritó despertándose.

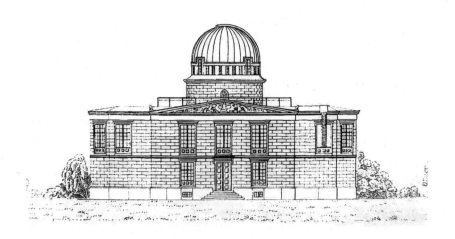

—Somos nosotros dos, profesor —dijo Johann Gottfried Galle—. El inútil de Heinrich ha tropezado —aclaró mientras el profesor Encke se peinaba y se volvía a hacer el nudo de la pajarita.

—Debes prestar más atención. No llegarás a ninguna parte como astrónomo si no te disciplinas un poco.

—Disculpe, profesor Encke. Estaba mirando el correo y no lo he visto —confesó el joven D'Arrest.

—¿Hay algo interesante?

—No. ¡Espere! Hay una carta del observatorio de París.

—¿Qué quiere ahora ese Le Verrier? A ver, dámela.

—No va dirigida a usted, profesor Encke. Es para Johann.

—¿Para ti? —preguntó extrañado el profesor.

—¿¡Ahora!? ¿Ahora me responde? ¿Un año después? Qué poca... —se contuvo Johann Galle.

—¿Qué ocurre?

—¿No se acuerda, profesor? Johann le envió su tesis doctoral en octubre del año pasado.

—¡A buenas horas! —seguía lamentándose Galle—. ¡Ya no necesito su opinión! ¡*Merci beaucoup*!

—Quizás haya habido algún problema con el servicio de correos.

—No creo, profesor —aclaró D'Arrest—. El matasellos es de hace cinco días.

—A ver qué dice —empezó el profesor Encke—. ¡Oh!

—¿¡Qué ocurre!?

—Dice que es urgente, pero... Escucha: «Querido doctor Galle, lamento profundamente no haber respondido a su carta de hace unos meses —empezó a leer ante la cara de enfado de su alumno—, pero, si le soy sincero, todavía no he tenido tiempo de leer su tesis».

—¡No me lo puedo creer! —se quejó Galle arrancándole la carta al profesor Encke—. Hay que tener mucho valor. ¿Se puede ser más...? ¡Oh, no se lo pierdan! —exclamó.

—¿Y ahora qué más ocurre?

—Sí, sí que puede ser más, más... No quiero decir lo que pienso de él. ¡Encima tiene la desfachatez de pedirme un favor! Escuchad: «Quizás no sea la mejor manera de empezar una carta donde tengo que suplicarle que me ayude, pero necesito que el observatorio de Berlín haga una comprobación urgente» —leyó, ante la incredulidad de sus compañeros astrónomos.

—¿Y qué quiere exactamente?

—Hay una serie de coordenadas que debemos estudiar. «Claro que lo haremos, monsieur Le Verrier» —ironizó en voz alta—. ¡El año que viene! —concluyó dejándole la carta a su amigo.

—A ver. Dice que debemos mirar una región más allá de Urano... ¡esta noche! Dice que tiene que ser hoy mismo sin falta —leyó D'Arrest—. Pues ya puede esperar sentado.

—Quizá el señor Urbain Le Verrier cree que aquí no tenemos otro trabajo aparte de cumplir sus deseos —protestó el profesor Encke—. Deja la carta en mi mesa y el día que tengamos tiempo nos la miraremos —sentenció mientras los tres se ponían a realizar otras tareas.

Johann Gottfried Galle se pasó molesto toda la tarde por aquella carta. Trató de terminar unos cálculos que tenía a medias, pero fue incapaz de concentrarse en lo que hacía. Por mucho que lo intentara, sus ojos, y su mente, se dirigían constantemente hacia el escrito que había dejado sobre la mesa del profesor Encke. No podía quitarse de la cabeza la falta de tacto del director del observatorio de París. Sin embargo, Le Verrier era mucho más que el máximo responsable de aquel equipamiento: era uno de los astrónomos más importantes del siglo. De formación matemática, se había especializado en mecánica celeste, por ese motivo el joven Galle había decidido enviarle su tesis.

Eran muchos los astrónomos que gracias a Newton, una vez más, pero también a Kepler, habían entendido que podían calcular con gran detalle las órbitas de planetas y cometas. Como había hecho Halley. Las predicciones infalibles con las que había soñado Laplace parecían poder tocarse con la punta de los dedos. No había ningún cuerpo celeste del que no pudiera calcularse la trayectoria con una precisión absoluta. O casi ninguno.

Un planeta en concreto, Urano, no seguía una órbita regular. Hacía algunos movimientos «extraños», imposibles de explicar con la mecánica newtoniana. O eso pensaba todo el mundo hasta que Urbain Le Verrier creyó que podía ver en la oscuridad, literalmente. Sin embargo, el único obstáculo para confirmar uno de los enigmas más apasionantes de la astronomía del siglo XIX era que su hipótesis estaba recogida en una carta dirigida a un joven al que había ofendido sin querer.

Incapaz de centrarse en sus tareas, el joven Galle decidió que lo mejor que podía hacer ese día era marcharse a casa. Mientras empezaba a recoger, sin sacar ni un instante los ojos de la carta, su amigo D'Arrest y el profesor Encke se levantaron para acompañarle a tomar una cerveza. Cuando los tres ya estaban en la puerta, Galle, que seguía obsesionado con la epístola de Le Verrier, quiso echarle un último vistazo al texto. «¿Qué es tan importante y urgente?», pensaba mientras leía buscando la respuesta a esa pregunta. Cuando lo descubrió, su corazón empezó a acelerarse.

—¡Profesor! ¡Espere!

—¿Qué ocurre?

—Escuche —dijo mientras empezaba a leer—: «La observación que debe hacer la noche del 23 de septiembre es de vital importancia. Creo haber resuelto el enigma sobre la órbita de Urano. Su movimiento parece contradecir las leyes de Newton. O quizás no. En realidad creo que precisamente demuestra la grandeza del físico inglés. La órbita de Urano sería exactamente la que observamos desde hace tiempo si existiera un octavo planeta. Si más allá de la órbita uraniana hubiera otro miembro de nuestro sistema solar, otro planeta para el que todavía no tengo nombre, con una órbita y unas dimensiones como las que le adjunto en la carta, todos los datos encajarían a la perfección.

»Han sido muchos los astrónomos que a lo largo de la historia han hecho descubrimientos de gran importancia observando el cielo. Pero usted y yo podemos ser los primeros que hacemos una proeza de esta magnitud simplemente observando unos papeles. Podemos realizar uno de los descubrimientos más importantes del siglo a ciegas, sin levantar la vista de nuestro escritorio, o casi. Evidentemente, necesito confirmar la certeza de mi hipótesis con la observación directa. Por eso le solicito que enfoquen su telescopio hacia la oscuridad de la noche, allí donde no parece que tenga que haber nada. Si tengo razón, usted será el primer humano que verá este nuevo planeta. Será el primer hombre que podrá ver en la más absoluta oscuridad».

—Paparruchas... —dijo el profesor Encke.

—Quizá sí, pero...

—¿Pero qué? —intervino D'Arrest—. ¿No querrás pasarte la noche en vela para ayudar a Le Verrier? ¿De verdad te lo planteas? ¿Después de cómo te ha tratado?

—No, no tengo intención alguna de ayudarle. No quiero hacerlo por él, quiero hacerlo por mí —admitió Galle quitándose la chaqueta y arremangándose las mangas de la camisa.

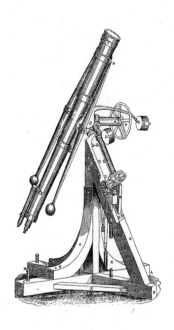

El joven D'Arrest se quedó unos instantes en silencio, mirando cómo su amigo se ponía a trabajar sin pedir ayuda. Ni esperarla. Él también era astrónomo por vocación, como el profesor Encke. Así que no tardó en volver atrás y colaborar con Galle en una observación que podía ser una pérdida absoluta de tiempo o una de las noches más importantes de la su carrera científica.

Incluso el orgulloso Johann Franz Encke decidió volver al observatorio después de tomar un bocado y recordar por qué motivo había aceptado a esos dos prometedores jóvenes científicos a su lado.

Como no podía ser de otra forma, aquella noche los tres astrónomos observaron Neptuno por primera vez, en uno de los acontecimientos científicos más memorables del siglo XIX. Lo localizaron exactamente donde Urbain Le Verrier les había dicho que apuntaran su telescopio. Exactamente en las coordenadas esperadas. Más allá de la órbita de Urano, donde la distancia del Sol no había permitido ver absolutamente nada. Hasta esa noche.

Aquel homínido que se había visto obligado a bajar de un árbol, quizás no era la obra de ningún Creador, pero era un primate muy especial. Después de millones de años observando el cielo nocturno, creyendo que en la oscuridad solo había el vacío absoluto, un grupo de *sapiens* habían aprendido a ver en la nada. La revolución newtoniana les había permitido hacer descubrimientos incluso mucho más allá de su limitada capacidad de visión.

La fama que lograrían Johann Galle y Le Verrier sería de sobra merecida y abriría la puerta a una nueva generación de astrónomos que ya no habrían de confiar en la suerte o la paciencia para hacer grandes descubrimientos. Sobre una carta celeste, y con la ayuda de las matemáticas, podrían empezar a contar estrellas y planetas como jamás había ocurrido.

Antes de su muerte, en 1877, Urbain Le Verrier intentaría resolver otro gran misterio que escondía el sistema solar. Mercurio, el planeta más cercano al Sol, se desviaba cuarenta y tres segundos de arco de la posición prevista en su perihelio. La intuición del director del observatorio de París era que debía haber otro planeta, que algunos bautizaron con el nombre de Vulcano. Ese noveno miembro del sistema solar, situado entre Mercurio y el Sol, tenía que ser el culpable de ese desajuste. Siguiendo el mismo procedimiento que con Urano y Neptuno, calculó su órbita y dimensiones. Sin embargo, la proximidad del Sol impedía hacer observaciones precisas, salvo que fueran realizadas durante un eclipse solar. Como el que se produjo en 1878. Justo un año después de la muerte del astrónomo francés.

Observatorio Ann Arbor, Detroit
(Michigan), 15 de agosto de 1878

James Craig Watson seguía sentado en la mesa de su despacho. Hacía dos semanas que analizaba las imágenes y los datos de las observaciones realizadas en Wyoming durante el eclipse solar. Había preparado aquella expedición científica con el objetivo de descubrir el planeta Vulcano, siguiendo exactamente el mismo procedimiento que Galle y Le Verrier habían usado para encontrar a Neptuno tres décadas antes.

Mientras se frotaba la barba, seguía mirando atentamente tres fotografías muy similares que había extendido cuidadosamente sobre la zona de trabajo.

—¿Qué haces? —preguntó Annette entrando en el despacho.

—¿Eh? Ah, eres tú, vida mía.

—¿Sigues atareado con las imágenes? —se preocupó mientras le abrazaba por detrás—. ¡Uy! ¿Y esa tercera de dónde ha salido?

—Mira. Estas dos son las mías. Son las mejores fotografías que obtuve durante el eclipse. Pero son de localizaciones distintas y, evidentemente, el planeta Vulcano únicamente puede estar en una de ellas —lamentó, encogiendo los hombros.

—Sí, ya hemos hablado de ello. Seguro que una de las dos imágenes es un error. Tienes que averiguar cuál es la buena, el planeta auténtico, y cuál una distorsión. O quién sabe si es solo una imperfección de la cámara, de la lente, del negativo, etcétera. Puede tratarse de cualquier cosa.

—Vale, vale. En eso estamos de acuerdo. ¿Y esta tercera?

—Eso es lo que te preguntaba yo. ¿De dónde ha salido?

—No es mía. Es del profesor Lewis Swift. La obtuvo desde Rochester. De hecho, él también tiene dos diferentes, pero solo me ha enviado la que cree que es la buena. Igual que tú, es de la opinión que la otra es posiblemente un error óptico de la cámara.

—¿Lo ves? A ambos os ocurrió lo mismo.

—Sí, pero hay un problema. Las tres imágenes son distintas... o las cuatro, si tengo en cuenta la que no me ha enviado.

—¿Qué quieres decir?

—Pues que hay cuatro posibles ubicaciones distintas para Vulcano. Si dos coincidieran... —suspiró cruzando las manos por detrás de la nuca—. Parece que este maldito planeta juegue al escondite con nosotros.

— Vaya — dijo Annette cogiendo las imágenes para mirarlas con detalle—. Ahora diré una tontería, pero ¿y si en lugar de un planeta fueran varios, como un cinturón de asteroides?

—De planetoides, querrás decir —matizó James volviendo a coger las fotografías—. No es ninguna tontería lo que has dicho. Quizás haya muchos más de cuatro. Piensa que antes de ese eclipse ya se había «localizado» a Vulcano media docena de veces. Siempre en posiciones diferentes. Sumando todas las masas quizás podrían ejercer un efecto similar al de un planeta entero...

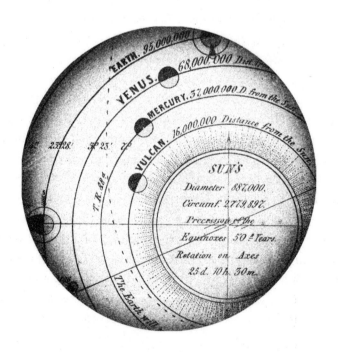

—¿Pero? —preguntó ella entendiendo rápidamente que la frase tenía alguna objeción.

—Estaba convencido de que lo había encontrado. De hecho todavía lo estoy. Lo que ocurre es que no sé cuál es la buena —añadió volviendo a mirar las imágenes—. O eso, o Newton estaba equivocado. —Sonrió mientras miraba la manzana que tenía dentro de la fiambrera abierta con el resto de su almuerzo.

—Si aceptas la oferta de la Universidad de Wisconsin tendrás un equipamiento de primer nivel y decenas de alumnos brillantes dispuestos a ayudarte en este misterio.

—Lo aceptaré. Ya casi estoy decidido. Pero solo con una condición.

—¿Cuál?

—Que vengas conmigo.

—¿Estás de broma? Iría contigo hasta Vulcano, si fuera necesario. Esté donde esté ese escurridizo planeta fantasma —confirmó mientras se le sentaba encima y se daban un largo beso.

Al cabo de unos días, James Craig Watson aceptaría la oferta de la Universidad de Wisconsin. Desde entonces hasta el día de su muerte, apenas un par de años después a causa de una peritonitis, seguiría tratando de contrastar los datos que había obtenido de ese eclipse. Annette Waite, en recuerdo de su amado, impulsaría la creación de una medalla que se concedería, a partir de 1887, a personas que se hubieran distinguido en la investigación astronómica. Reconocimiento que seguiría otorgándose en pleno siglo XXI. Aunque nunca nadie conseguiría «atrapar» Vulcano.

El interés científico por resolver ese misterio no desaparecería. Sin embargo, durante las décadas posteriores, la confianza en que la solución a ese enigma fuera un noveno planeta o en un conjunto de planetoides, se fue desvaneciendo. Al final, la hipótesis de Le Verrier y Watson se consideraría errónea. Si el descubrimiento de Neptuno casi a ciegas, solo a partir de la aplicación de las leyes newtonianas sobre el movimiento de Urano, puede considerarse uno de los hitos más importantes alcanzados por la ley de la gravitación universal, la no existencia del planeta Vulcano, ni de un cinturón de pequeños Vulcanos, debe ser considerado uno de sus principales «fracasos».

Aquel sería el primer revés importante para la mecánica newtoniana. Pero ese contratiempo no mermó la confianza de la comunidad científica en la ley de la gravitación universal formulada por aquel físico inglés que había revolucionado el conocimiento para siempre. La seguridad que los *sapiens* tenían en aquellas leyes era tan alta, que incluso seguirían creyendo en ella después de la observación directa de fenómenos que la contradecían. A pesar de esas contradicciones, las leyes de Newton seguían siendo útiles. Infalibles a escala humana. Aunque ya no pudieran explicarlo todo. Al fin y al cabo, lo que se enmendaba no era la existencia de la gravedad, sino su universalidad.

Quizás los intentos fallidos por atrapar Vulcano podrían servir, al menos, para que aquel humano pretencioso recordara cómo había empezado el camino del conocimiento. Tales y Anaximandro, dos mil quinientos años antes, también durante un eclipse, habían sentado las bases de la ciencia sobre un pilar básico llamado duda. Newton, y Laplace dando paso al determinismo científico, habían creado la esperanza que el conocimiento absoluto era alcanzable. En los albores del cambio de siglo, la ciencia debía volver a sus orígenes y reaprender a dudar de todo, también de lo que parece evidente, como que las manzanas siempre tengan que caer al suelo.

Dos siglos después de que el físico de Woolsthorpe hubiera encendido una luz, precisamente en uno de los momentos más oscuros del planeta, era necesario que apareciera un científico lo suficientemente atrevido para apagarla nuevamente. Ahora tocaba que alguien se atreviera, metafóricamente, a apagar la bombilla de ese modelo, justo cuando Thomas Alva Edison ya estaba a punto de encender una por primera vez. Literalmente.

14. PERSIGUIENDO UN RAYO DE LUZ

Nueva York (Estados Unidos), 15 de marzo de 1951

Arthur Sasse cerró la luz de la habitación de revelado de su estudio, situado en el Bronx de Nueva York. Completamente a oscuras para no dañar la película de la cámara de fotos que le habían dejado, empezó a extraer el carrete para iniciar el proceso de negativización. Estaba decepcionado, enfadado y cansado. «¡Qué semana más desastrosa!», pensó.

Todo empezó el lunes por la noche, cuando el coche le dejó tirado en la carretera volviendo de una sesión fotográfica en Filadelfia. Tuvo que llamar a un amigo desde una gasolinera para que fuera a recogerlo y le acompañara a su piso. Al día siguiente, martes 13 de marzo, cuando fue a buscar el vehículo que había dejado en uno de los márgenes de la Interestatal 95, se dio cuenta de que le habían abierto el maletero y se habían llevado el material fotográfico que había en su interior. Quizás no era muy valioso en términos económicos, pero sí era complicado de sustituir en veinticuatro horas.

Su agenda para el miércoles 14 de marzo era complicada. Por la mañana tenía que ir a ver si un colega fotógrafo de la United Press International le dejaba el material necesario para las dos sesiones de fotos que tenía esa tarde y noche. Después de comer, sin vehículo, debía ir hasta Long Island para una inauguración, y a continuación tomar un tren hasta la Universidad de Princeton para cubrir un acto social, un aniversario.

Cuando llegó a su último destino, ya era muy tarde. La persona homenajeada se había pasado el día entero atendiendo a los medios y posando. A sus setenta y dos años, estaba cansado y solo quería volver a casa para acostarse. Cuando Arthur Sasse llegó, le pidió una última sonrisa mientras subía al taxi, pero no lo logró. Al contrario. El protagonista del día había agotado ya todas las peticiones de la prensa.

Arthur encendió un cigarrillo y se sentó en el sofá, mirando la puerta de la habitación de revelado mientras esperaba que pasaran los doce minutos que necesitan las sales de plata para surtir efecto sobre la película. Hubiera querido tirar el carrete entero a causa de la última foto de la noche, que creía sinceramente que era una de las peores de su carrera como fotógrafo. Pero esa no era una opción viable. En esa misma cinta había otras instantáneas importantes que no podía dañar. «Maldito viejo engreído y antipático», pensó. «¿Qué le costaba poner una última sonrisa?».

Tras esperar el rato suficiente, volvió a entrar en el cuarto oscuro y encendió una bombilla roja de doce vatios de potencia. Allí, en medio de una serie de negativos, aparecía aquel anciano septuagenario al que la prensa y los fotógrafos habían agotado su paciencia. Quizás por eso decidió concluir la noche con una mueca en lugar de la sonrisa solicitada por Arthur.

—Vaya... —lamentó mientras miraba aquel negativo—. Esto no me sirve.

Era una imagen grotesca. Un anciano malcarado y enojado sentado en el coche en medio de la pareja anfitriona, que, en cambio, sonreía y atendía la última petición de los medios gráficos. Pero, entonces, Arthur puso los dedos sobre las caras de ambos anfitriones y la impresión cambió radicalmente. Aquel gesto ridículo y antipático del homenajeado se transformaba en una pose inconformista, casi de rebeldía. Dudó unos segundos, pero finalmente decidió positivar ese negativo.

Siguió el proceso en el interior de la cámara oscura y cada vez tenía más claro que aquella fotografía, recortando la pareja de los lados, era una imagen muy potente. Icónica. No en vano, Arthur Sasse, pese a no saberlo, acababa de tomar una de las fotografías más vistas y reproducidas de todo el siglo xx. La imagen de aquel viejo sacando la lengua acabaría imprimiéndose en camisetas, posters, tazas de café y una interminable lista de objetos y *souvenirs*.

Salió de esa pequeña habitación dispuesto a recoger su equipo y llevar las fotos a los editores de la United Press Internacional para saber su opinión. De nuevo, al salir del cuarto oscuro, la luz que entraba por el ventanal de su ático del Bronx le cegó, aunque solo un instante.

«Pero la luz no duró mucho. El diablo dijo: "¡Que se haga Einstein!", y todo se volvió a oscurecer». Así respondió el también poeta inglés J. C. Squire al epitafio que Alexander Pope había dedicado a Newton dos siglos antes. Y a él tampoco le faltaban motivos. Si Newton había representado el conocimiento o la esperanza de que alcanzar un conocimiento absoluto era posible, Albert Einstein, sin lugar a dudas, revolucionó la ciencia en sentido contrario.

Durante dos siglos la física había funcionado casi como un reloj suizo a partir de una teoría capaz de predecir todo tipo de fenómenos, terrestres y astronómicos. Durante ese tiempo la mecánica y la óptica newtonianas recibieron incontables apoyos en forma de evidencia científica; cada nuevo experimento o descubrimiento no hacía más que agrandar el legado que Newton había hecho al conjunto de la ciencia. Pope tenía razón cuando decía que el físico inglés había iluminado la oscuridad y las tinieblas. Lo había hecho metafóricamente, pero también literalmente. La revolución que él había iniciado contribuyó decisivamente a la gestación de la era de la electricidad, que marcaría un antes y un después en la historia de la humanidad.

El cálculo de la órbita del cometa Halley y el descubrimiento de Neptuno son quizás los dos ejemplos más espectaculares de lo que significó la revolución newtoniana. Sin embargo, a finales del siglo XIX, junto con aquellos logros, también habían comenzado a aparecer algunas sombras. La gravedad como fuerza podía explicar casi cualquier fenómeno, a escala humana. En cambio, cuando se trataba de hacer encajar esta teoría en ámbitos espaciales o temporales diferentes comenzaban a surgir algunos problemas.

La no existencia de Vulcano fue una de las enmiendas más importantes de la ley de la gravitación universal, pero no la única. Newton tampoco había podido explicar completamente la naturaleza de la luz. Él había defendido que era una partícula en vez de una onda, tal y como había postulado Christiaan Huygens. Sin embargo, a mediados del siglo XIX ya había demasiados experimentos que no podían encajar con su teoría corpuscular de la luz. Tampoco la órbita de los electrones, descubiertos recientemente por J. J. Thomson, lograba explicarse aplicando las leyes de la termodinámica clásica.

El mundo científico empezaba a admitir que algunas de estas carencias deberían corregirse, quizás solo con leves modificaciones. Lo que no imaginaban es que un trabajador de tercera categoría de la oficina de patentes de Berna, del que nadie había oído hablar hasta entonces, plantearía una nueva teoría que debía dar respuesta a aquellos problemas, y que volvería a oscurecer lo que Newton había iluminado.

Hugh Baillie, director de la United Press International, seguía caminando arriba y abajo por su despacho, fumando, o más bien mordisqueando, una pipa que había dejado de humear desde hacía rato. De repente se detuvo y lanzó sobre su escritorio las dos carpetas que tenía en sus manos.

—Pero yo, ¿qué os he hecho? —lamentó dirigiéndose a Arthur Sasse y a la joven y prometedora periodista Henrietta Sanders—. Era un trabajo muy sencillo para dos de mis mejores reporteros. Solo teníais que cubrir el cumpleaños de un viejecito famoso. Cualquier chaval de los que cada día me traen su currículum lo habría hecho sin dificultades. ¿Por qué motivo habéis querido complicaros la vida de esta manera? Perdón, ¿he dicho «complicaros»? Quería decir «complicarme» la vida, a mí. ¡Soy yo el que no sé qué hacer con esto! —sentenció señalando las carpetas.

—Perdona, Hugh, pero he tenido una semana... —empezó a disculparse Arthur por su fotografía.

—¡Vamos, *dire*, no me vengas con esas! Mi entrevista es brutal. Incluso tú deberías verlo —soltó Henrietta sin cortarse.

—¿Perdona? —dijo el director de la UPI.

—Quiero decir que aunque seas de otra época deberías ver que he hecho un buen trabajo.

—¿¡«De otra época»!? ¿Pretendes arreglarlo o empeorarlo, Sanders? ¿Me puedes decir qué has hecho que sea tan bueno?

—Ah, ¿pero no lo has leído? ¡Hombre! ¡Qué cojones! ¿Cómo puedes saber que no te gusta? Además...

—Shhht... —le cortó Hugh Baillie—. ¿Le puedes decir a Arthur a quién has entrevistado?

—Él no...

—Por favor. Antes de que agotes mi paciencia. Dile a quién has entrevistado.

—A Cecilia Payne —admitió en voz baja la periodista.

—¿A quién? —preguntó el fotógrafo con una mueca.

—¡Sí, hombre! A Silvia...

—¡Cecilia! —corrigió Henrietta.

—¡Eso, a Cecilia Payne! ¡No me digas que no sabes quién es! —exclamó Hugh Baillie mientras Arthur Sasse seguía sin entender nada—. Pero al menos sabrás qué relación tiene con la persona que celebraba su cumpleaños, ¿o tampoco?

—Venga «dire», ya es suficiente. Creía que sería positivo mirarlo desde otro punto de vista. Esto es lo que nos ha enseñado Einstein precisamente, ¿no?

—Sanders, has hecho una buena entrevista, no lo niego, ¡pero a LA PERSONA EQUIVOCADA! —exclamó alzando la voz más de la cuenta.

—¡No me grites «dire»! —replicó Henrietta levantándose y poniéndose las manos en la cintura—. Mira, déjame que sea yo quien te haga una pregunta: ¿por qué teníamos que cubrir «dos de tus mejores reporteros» —añadió recordándole sus propias palabras— un sencillo cumpleaños?

—¿Quizás porque Einstein es el hombre más importante de esta primera mitad de siglo? —respondió Hugh en tono burlón, provocando una sonrisa en Arthur que la joven periodista borró con una sutil mirada.

—¡Muy bien, genios! —dijo la periodista—. Siglo xx: dos guerras mundiales, la gran depresión, el New Deal, la revolución soviética, el Ford T, la aviación comercial, dos bombas atómicas...

—Y espera —dijo Arthur en voz alta—. Perdón, sigue, por favor. —se corrigió a sí mismo enseguida.

—Hitler, Roosevelt, Chanel, Lenin, Kahlo, Churchill, Gandhi, Chaplin, Virginia Woolf... ¿Sigo?

—¿Dónde quieres ir a parar Sanders? —preguntó Hugh.

—¿Me estás diciendo que, con todo lo que ha pasado, la persona del siglo es un científico septuagenario con pelo de loco y unas teorías que nadie entiende?

—Sí, así es.

—¿Por qué?

—Bueno, precisamente en un siglo tan conflictivo quizás la gente busca un líder humilde, pacifista, inteligente, sabio, despistado...

—¡Gandhi o Chaplin también lo son! Otras personas responden a esa definición. ¿Por qué él? ¿Por qué es él ese líder del que hablas? Esto es lo que quería responder con mi entrevista. Einstein formula sus tesis en 1905, pero no recibe el Premio Nobel hasta 1921. ¿Por qué tardaron tanto en dárselo? Y encima no se lo dieron por su teoría de la relatividad, sino por el efecto fotoeléctrico o algo parecido.

—No, no sé... —admitió Hugh mientras Henrietta cogía una de las dos carpetas de su mesa.

—«El profesor Eddington siempre empezaba el curso agradeciendo tener el aula tan llena, pero enseguida admitía que antes de que él validase las teorías de Einstein no solían tener esa afluencia» —leyó con un tono chulesco la periodista—. Mira, *dire*, solo quiero que la gente entienda por qué Einstein es tan importante y, quizás, ayudar a comprender sus tesis. Por eso quería entrevistar a un científico que lo contara de forma amena.

—¿Y tenía que ser esa mujer?

—¿Algún problema con las mujeres? Te recuerdo que la única persona del planeta con dos premios nobel en dos categorías científicas distintas es Marie Curie. ¡A ver si algún hombre lo supera en los próximos cien años! —concluyó la periodista anticipando el récord imbatible de uno de los científicos más grandes de todos los tiempos.

—No digo eso, solo digo que no es conocida...

—Quizás no, pero es la autora de *la tesis doctoral en astronomía más brillante de la historia*—subrayó contundente Henrietta.

Hugh Baillie vio que esa discusión se alargaría y además empezaba a dudar si su primera impresión sobre la entrevista de su joven y brillante periodista era la correcta. Así que decidió volver a sentarse en el sillón de su mesa.

—*OK*, Sanders, sigue —la invitó Hugh mientras se ponía cómodo.

Cecilia Payne: Tengo que confesar que yo misma quise inscribirme en las clases del profesor Eddington a partir de su experimento de 1919.

Henrietta Sanders: ¿Qué experimento?

C. P.: Arthur Eddington aprovechó el eclipse solar del 29 de mayo de 1919 para demostrar un fenómeno que había predicho la teoría de la relatividad general unos años antes, y es que los rayos de luz, por ejemplo los de una estrella, se curvan cuando pasan cerca de un objeto muy masivo, como el Sol.

H. S.: ¿La luz se desvía?

C. P.: Sí, como una bala de cañón que va cayendo por la fuerza de la gravedad.

H. S.: Bien, pero sin llegar a caer o no nos llegaría la luz.

C. P.: Si la estrella fuera sumamente masiva, sí que podría ocurrir. De hecho, un exalumno de Eddington, Subrahmanyan Chandrasekhar, ha defendido recientemente que, si existiera una estrella con una masa suficientemente grande, enorme en comparación a nuestro sol, la luz caería quedándose atrapada en su interior. Esa estrella no emitiría rayo de luz alguno. Él ha llamado este fenómeno «agujero negro».

H. S.: ¿Y esa cosa existe?

C. P.: Él cree que sí, aunque una parte importante de la comunidad científica lo pone en duda, incluyendo el mismo profesor Eddington, que lo considera improbable. Pero Chandrasekhar tiene una ayuda que vale doble: la de Einstein. La teoría de la relatividad general avala, al menos teóricamente, la existencia de este tipo de estrellas.

H. S.: Ha dicho «ayuda doble». ¿Por qué?

C. P.: Einstein no solo formuló una teoría revolucionaria, sino que también lo hizo sin el aval de las tesis predominantes y diría incluso que en contra de buena parte de la comunidad científica. Un punto importante de su legado es que no hay que esperar a recibir el visto bueno de nadie, ni del profesor Eddington ni del propio Isaac Newton, para defender una hipótesis si está bien formulada.

H. S.: En cualquier caso, Einstein necesitó que ese eclipse avalara su teoría, ¿no?

C. P.: ¡Por supuesto! ¡Hablamos de ciencia! Siempre es necesario contrastarlo con la realidad. Einstein y su teoría saltan a la fama a partir del eclipse de 1919; antes era prácticamente un desconocido fuera de determinados círculos académicos. Mire, yo soy inglesa y que un diario como el Times *publicara en portada que Newton había sido destronado fue un verdadero terremoto para la sociedad británica. Ese es el momento en que Einstein se convierte en un personaje público, no cuando formuló y publicó sus teorías, unos quince años antes.*

H. S.: Debía ser muy duro saber que tenía razón pero no poder demostrarlo, imagino.

C. P.: *No mucho, no crea. Quizás no tenía el aval del mundo académico, empezando por el Premio Nobel, que no quisieron dárselo por aquellos estudios...*

H. S.: *¿Y por qué trabajo se lo dieron, entonces?*

C. P.: *Por explicar el efecto fotoeléctrico. El mismo año que formuló la teoría de la relatividad, Einstein explicó por qué los electrones no caen ni emiten ondas electromagnéticas cuando giran alrededor del núcleo. Este descubrimiento, por sí solo, ya suponía una enmienda importante a la física clásica y habría convertido a Einstein en uno de los científicos más notables del siglo.*

H. S.: *Lo que no entiendo es por qué no se lo dieron para explicar la relatividad.*

238

C. P.: Seguramente querían esperar hasta que la teoría fuera plenamente aceptada, pero aun así él ya la había contrastado por su cuenta, unos años antes.

H. S.: ¿Cómo?

C. P.: A lo largo del siglo XIX, muchos astrónomos trataron de descubrir por qué Mercurio sigue una órbita que no concuerda con las predicciones de Newton. Algunos se pasaron décadas buscando un inexistente planeta Vulcano, con la esperanza de que fuera su responsable. En 1915 Einstein pudo explicar a la perfección ese extraño movimiento de Mercurio con unas sencillas ecuaciones matemáticas, aplicando su teoría de la relatividad. Imaginó que en realidad el movimiento «extraño» de Mercurio no era tal, sino que se trataba solo de una deformación, una desviación de su imagen a causa de la proximidad del Sol. Dicho en otras palabras, Mercurio no hace ningún movimiento raro, únicamente lo parece. Pero para ello tuvo que pensar, atreverse a pensar, que tenía razón y su teoría era cierta, y la de Newton no. ¿Se imagina cómo debió sentirse? Aunque en ese momento no recibiera muchos apoyos.

H. S.: Me cuesta hacerme a la idea.

C. P.: Einstein explica a menudo que durante las semanas posteriores a realizar los cálculos de la órbita de Mercurio se sentía como en una nube. Había encontrado la solución a uno de los misterios que más había ocupado, y preocupado, las mentes más brillantes de la ciencia. No le importó nada que el resto de la comunidad científica dudara: él sabía que tenía razón, y se pasó varios días en una especie de estado de embriaguez, tal y como lo definió él mismo. Mire, la verdadera recompensa de un científico es la emoción de ser la primera persona en la historia que ve o entiende algo por primera vez. Nada puede compararse a esa experiencia...

H. S.: Lo explica como si lo hubiera vivido en su propia piel.

C. P.: Así fue. Demostré antes que nadie que las estrellas están formadas de hidrógeno y helio, pero nadie me creyó, y como no tenía la misma confianza que Einstein rectifiqué mi teoría. Hasta que al cabo de unos años otros científicos empezaron a darse cuenta de lo mismo que yo había descubierto.

H. S.: Y eso que usted no tenía delante a Newton.

C. P.: ¡Exacto! Ja, ja.

H. S.: ¿En qué sentido las visiones de Newton y Einstein son contrapuestas?

C. P.: De hecho no lo son. Depende de las escalas a las que nos movamos. A escala humana, terrestre, Newton vale para todo, o casi. A nivel astrofísico, Einstein puede explicar lo que Newton no pudo, y que tampoco podía estudiar con la tecnología de su época. Sin embargo, Einstein demostró que en realidad la gravedad no existe tal y como la imaginábamos. No es una fuerza que atrae a la Luna hacia la Tierra y la hace girar a su alrededor. La teoría de la relatividad general dice que en realidad la Tierra distorsiona el espacio de su alrededor y que la Luna avanza en línea recta por un plano curvado.

H. S.: Ahora me he perdido. Antes me ha dicho que la gravedad desvía la luz, y ahora me dice que no existe la gravedad, sino que una masa dobla el espacio…

C. P.: Exacto. Se lo contaré con un ejemplo. Imagínese una sábana estirada por los extremos por cuatro personas. Ahora piense que llega alguien y lanza una bola de jugar a bolos. La tela se curvará alrededor de la bola debido al peso, ¿verdad?

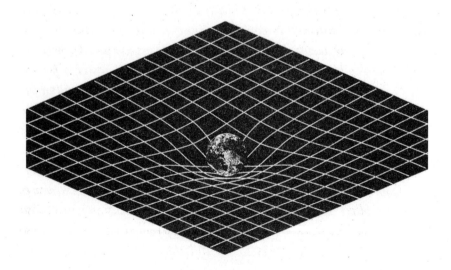

H. S.: Sí, claro.

C. P.: Pues eso mismo le ocurre al espacio alrededor de los obje-
tos muy masivos. Si en aquella sábana usted deja caer una
segunda bola más pequeña, de billar por ejemplo, esta caerá
rodando hacia la de bolos, no porque reciba una atracción
gravitatoria o magnética como la de un imán, sino porque el
plano, la sábana sobre la que se mueve, está curvado.

H. S.: ¡Aaah!

—Aaah... —soltó simultáneamente Hugh Baillie.

—¿Ahora has entendido a Einstein?

—Por primera vez —admitió.

—Eso es lo que quería. Después, Cecilia Payne sigue expli-
cándome que la masa de los planetas, como la de la bola de
bolos, además de deformar el espacio también puede deformar el tiempo; de hecho, la sábana sería una metáfora de
lo que llaman «continuo espacio-tiempo». Por eso Einstein
dice que estas dos variables, espacio y tiempo, son relativas y
no absolutas, como todo el mundo creía hasta entonces.

—Incluso yo lo he entendido —intervino Arthur Sasse.

—¡Buen chico! —dijo Henrietta guiñándole un ojo—.
Mirad, dejadme leer la parte final. Me salto un fragmento, ¿sí?

Cecilia Payne: Lo más sorprendente de todo, es que algunas de
sus teorías las empezó a gestar de muy joven, de adolescente.

Henrietta Sanders: Yo creía que había sido un mal alumno.

C. P.: ¡Qué va! Su currículum académico es brillante, pero su
indisciplina y su falta de respeto por la jerarquía y por la
autoridad le trajeron problemas con algún profesor, nada más.
Fíjese que de joven se imaginó cómo sería atrapar un rayo de
luz. ¿Se lo puede creer? Se adelantó a sí mismo en décadas
jugando a perseguir a un rayo de luz.

H. S.: Aquí no la sigo.

C. P.: Uno de los obstáculos de la teoría newtoniana de la luz es
explicar cómo podía avanzar por el espacio, en el vacío abso-
luto. Necesitaba algún sistema de referencia para ello. Por eso

muchos científicos pasaron todo el siglo XIX buscando el éter, una sustancia que debía encontrarse en el espacio. Einstein, una vez más, lo miró desde otra perspectiva. Concretamente, desde su mesa de la oficina de patentes de Berna... Ja, ja.

H. S.: Si era un chiste, no lo he pillado.

C. P.: Era un chiste, sí, pero muy malo. No me haga caso. Pero la anécdota parece ser cierta. Mientras trabajaba en la oficina de patentes vio cómo un obrero caía desde un ascensor de un edificio en construcción. El obrero no se hizo nada, pero Einstein tuvo una idea.

H. S.: ¿Cuál?

C. P.: Imagínese que usted se encuentra en el interior de un ascensor completamente a oscuras. ¿Sabría si se mueve? ¿Si sube o si baja?

H. S.: Creo que sí.

C. P.: Notaría el peso de su cuerpo sobre los pies, ¿verdad? Y, si soltara una manzana, caería hacia el suelo del ascensor, ¿correcto?

H. S.: Supongo. Vaya, espero, ¿no?

C. P.: Sí, sí, no tema. Ahora imagínese que el ascensor se encuentra en medio del espacio, en total ingravidez.

H. S.: Todo flotaría dentro del ascensor. La manzana y yo también.

C. P.: ¡Exacto! Pero ¿y si algo, un cohete por ejemplo, estira el ascensor desde la parte superior? Concretamente, con la misma fuerza con la que actúa la gravedad en nuestro planeta, es decir a 9,81 metros por segundo.

H. S.: Supongo que yo iría hacia el «suelo» del ascensor, y la manzana también.

C. P.: El movimiento sería idéntico a la gravedad que usted nota estando de pie aquí, quieta. En otras palabras, para la persona que estuviera dentro de ese ascensor galáctico, gravedad y aceleración serían indistinguibles, pero no para un observador exterior. Con este experimento mental, Einstein demuestra que el sistema de referencia del espacio y el tiempo no es absoluto, sino que depende del observador. Esto es la relatividad.

Hugh Baillie se pasó un buen rato en silencio. Le costaba mucho darle la razón a alguien, y más si eso suponía rectificar una decisión suya anterior. Pero especialmente con Henrietta Sanders: solo pensar en la cara de satisfacción que pondría la reportera ya se le antojaba insoportable. Finalmente, cerró la carpeta de la entrevista y se la devolvió a la periodista con una o dos anotaciones intrascendentes en rojo, casi hechas para que no pudiera decir que no había tenido que corregir ni una coma.

—Bien —prosiguió lacónicamente—. ¿Y tú qué excusa tienes? —volvió a su tono anterior, dirigiéndose a Arthur Sasse—. Esto no se puede aprovechar.

—Sí, sí, lo sé, ha sido una tontería. Estaba enfadado por cómo me había salido todo esta semana y... —se disculpó, levantándose, y apagó el cigarrillo en el cenicero que había en la mesa de su jefe—. Me sabe mal haberte hecho perder el tiempo.

—¿En qué pensabas cuando positivaste esta imagen? —preguntó Baillie.

—Es que, si la recortas... Espera. No mires la foto entera —apuntó el fotógrafo cogiéndola de las manos del director de la UPI—. Mirad. Es una imagen ridícula, lo admito, pero, si tapo a sus dos acompañantes... —explicó mientras ponía las manos sobre los extremos de la fotografía.

—¡Toma! —soltó Henrietta.

—No le ayudes tú ahora.

—No, pero tiene razón. Todo depende del sistema de referencia, ja, ja... —bromeó la periodista.

—No sé. Admito que es diferente —aceptó Hugh Baillie cogiendo la foto y probando él mismo a tapar sus extremos—. Depende de cómo la mires, puede llegar a ser una imagen potente, muy potente. Cuesta despegar los ojos de ella. Pero no estoy seguro. No sé cómo se interpretará. O cómo se lo tomará él.

—Ufff... No quiero ni pensarlo —admitió Arthur.

—Aunque todo es relativo —ironizó el director de la UPI—. Puede parecer una foto ofensiva. Una burla. Un insulto a un icono mundial. Pero... —siguió cogiendo la foto recortada sin la imagen de los dos anfitriones que le rodeaban—. Esta parte central, su expresión, es realmente carismática. Me atrevería a decir que es un símbolo de lo que este hombre representa. Parece que nos esté desafiando. Es la imagen de un inconformista.

—¿Entonces? ¿Te gusta?

—No lo sé. La UPI nació como una agencia de noticias libre: somos los únicos que no ponemos restricciones a nuestros contenidos. Todo el mundo puede comprarlos y publicarlos. Si le doy el visto bueno, cualquier periódico del mundo podrá utilizarla. Y, francamente, no sé si nos favorece o no.

—¿Y él? ¿Crees que se lo va a tomar muy mal?

—Le conozco poco, pero es un hombre imprevisible. ¡Puede ponernos una demanda! O quizás nos pida copias para enviarlas a sus amigos como felicitación de Navidad —bromeó Hugh Baillie sin saber que aquello era exactamente lo que acabaría pasando—. Mira, no le demos más vueltas. Adelante. Llévasela a Mike.

—¿Estás seguro, Hugh?

—No, pero si algo nos ha enseñado ese hombre es que no podemos estar seguros de nada. Tendremos que arriesgarnos, ¿cierto, Sanders? —preguntó dirigiéndose a la reportera, que se había apalancado orgullosa a una de las butacas del despacho del director.

Arthur Sasse salió de la reunión sin saber la fama que le reportaría esa imagen obtenida de forma extraña, y que se convertiría en una de las fotografías más famosas del que acabaría siendo escogido el personaje más importante del siglo xx por la revista *Time*. Hasta la fecha ningún científico había gozado de ese grado de reconocimiento.

Einstein quizá oscureció una parte de la luz que había aportado Newton al conocimiento científico, pero con él nació una nueva era donde la ciencia y la tecnología, con todas las debilidades y contradicciones que puedan tener, empezaron a tomar las riendas del progreso humano.

Albert Einstein sería recordado por su imagen de científico humilde y despistado, por su inconformismo social y político, por su desacomplejado pacifismo y antimilitarismo, por su origen judío y por su renuncia a presidir el Estado de Israel; incluso sería recordado por haber permitido, a partir de sus teorías, el nacimiento y la proliferación de la era atómica, tanto desde el punto de vista energético como bélico. Sin embargo, sus teorías seguirían siendo desconocidas para la inmensa mayoría de la población incluso un siglo después de ser formuladas.

Aquel científico apátrida no solo encontró la solución a debates que se habían atascado en el tiempo, como la existencia del éter o la órbita de Mercurio, sino que además creó un nuevo marco de referencia. Un modelo del que se derivaban todo tipo de consecuencias, algunas de las cuales él mismo rechazó por considerarlas inverosímiles. Pero pese a sus propias dudas, las décadas posteriores fueron demostrando la validez de su legado a escala astronómica: los agujeros negros, la dilatación del tiempo, la desviación de la luz, las ondas gravitacionales y un largo etcétera de fenómenos consecuencia directa de su modelo fueron demostrándose durante el siglo XX y hasta bien entrado el siglo XXI.

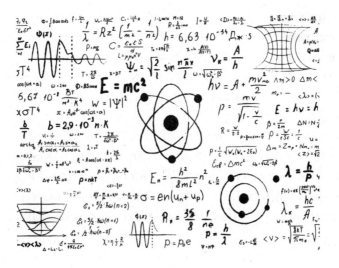

Su fama seguiría creciendo incluso después de morir, llegando a convertir la ecuación $E = mc^2$ en la más conocida de la historia de la ciencia, aunque solo una minoría entiende lo que comporta esta fórmula. Con estas tres letras, surgidas de su teoría de la relatividad especial, Einstein demostró que masa y energía son equivalentes, es decir, intercambiables. Una afirmación que contradice explícitamente a la mecánica newtoniana, que sostiene que un cuerpo en reposo no puede tener energía.

Según el físico alemán, sin embargo, la masa debe considerarse una forma de energía, y por lo tanto nada puede impedir transformar un cuerpo en energía. De hecho, es así como funcionan el Sol y el resto de estrellas. Pero también es el principio que explica la enorme capacidad destructiva de una bomba atómica. Esta fórmula demuestra que cualquier masa, por pequeña que sea, puede liberar una enorme cantidad de energía. Un cuerpo humano, por ejemplo, aunque sea el de un septuagenario despeinado, puede liberar, literalmente, el equivalente a treinta bombas de hidrógeno; en el caso de Einstein, también, metafóricamente.

15. OTRA VEZ INCERTIDUMBRE

Instalaciones del CERN en Meyrin
(Suiza), 21 de octubre de 1964

Son curiosas, las formas que adopta la leche cuando cae lentamente dentro de una taza de té. Los remolinos y las corrientes que dibuja son siempre diferentes, imprevisibles. Ni siquiera modelos matemáticos basados en la teoría del caos serían lo suficientemente precisos para atreverse a hacer una mínima previsión del comportamiento del lácteo al caer dentro de la infusión. Lejos, muy lejos, quedaban los anhelos de aquellos físicos que habían imaginado poder predecir cualquier fenómeno con una simple fórmula matemática. El determinismo con el que soñaban Laplace y sus coetáneos ya se había fundido como el azucarillo que George Townsend había sumergido en su té matinal.

En cualquier caso, que la mecánica newtoniana se hubiera visto enmendada por la relatividad einsteniana no implicaba que el cosmos no siguiera estando regido por unas reglas concretas y precisas. Quizás aquellos marcos espaciotemporales relativos eran complicados de calcular, y aún más de entender, pero eso no significaba que el universo estuviera gobernado por el azar ni el caos. Ni por asomo. O, al menos, esta era la opinión mayoritaria entre la comunidad científica.

Lo que sí podía definirse como caótico era la vida de George Townsend. La larga y dura campaña electoral, seguida por la entrada del líder de su partido, el laborista Harold Wilson, al número 10 de Downing Street, había convertido las cenas en casa con su familia en la excepción y no en la norma. Mientras removía su té en el bar de las instalaciones del CERN (Consejo Europeo para la Investigación Nuclear), pensaba si ese viernes finalmente podría cenar en su hogar. Eso sí, con algo de suerte, puesto que el determinismo tampoco formaba parte de su agenda.

En cualquier caso, aquellas costosas instalaciones científicas de última generación no eran su medio habitual. Rodeado de físicos y matemáticos que siempre parecían ajetreados, se sentía como un pulpo en un garaje. Y se notaba mucho, a pesar de los esfuerzos que hacía por pasar desapercibido. Seguía pensando en su esposa y sus dos hijas mientras, sentado en la barra, esperaba al director del CERN, el profesor Victor Weisskopf, un físico teórico que había tenido la oportunidad de trabajar junto con nombres como Niels Bohr, Erwin Schrödinger y Werner Heisenberg.

Los días anteriores habían mantenido varias entrevistas y reuniones. A decir verdad, habían resultado bastante interesantes, aunque insuficientes para convencerle de la necesidad de destinar tanto dinero a unas investigaciones que aquel asesor político del Gobierno Wilson no entendía ni sabía qué aplicaciones prácticas tenían. De hecho, aquel era el propósito de su visita. La agenda social reformista de su Gobierno necesitaba recortar en algunas partidas para poder incrementar otras. Un acelerador de partículas subatómicas de veintisiete kilómetros de circunferencia, enterrado cien metros bajo tierra entre las fronteras de Francia y Suiza, no parecía un gasto que justificara que cada británico le destinara dos libras y media anuales. Al menos, a ojos de unos parlamentarios preocupados por las siguientes elecciones.

Aquella mañana debía entrevistarse con el profesor John Bell, con quien varias personas, incluido el director del centro, le habían recomendado hablar para poder entender mejor qué hacían allí todos aquellos científicos. Mientras miraba su reloj, se dio cuenta de que el director Weisskopf entraba a la cafetería.

—Buenos días tenga —le saludó mientras George Townsend se levantaba del taburete de la barra.

—Buenos días.

—¿Listo para volver a casa?

—Sí, la verdad. Han sido unos grandes anfitriones, pero ya tengo ganas de estar de vuelta. Si puedo, tomaré un vuelo antes del almuerzo.

—¿Eso significa que ya tiene redactado el informe? —preguntó el director del centro, tratando de descubrir algo sobre las recomendaciones que haría George Townsend, sin obtener ninguna respuesta—. Venga. Sígame. Le presentaré a John —sugirió, acompañándolo hacia una mesa donde había varias personas desayunando.

Algunos eran doctorandos y otros parecían estudiantes que escuchaban atentamente las explicaciones del único hombre de la mesa con corbata, y que el asesor laborista identificó como su siguiente interlocutor. Cuando estuvo bastante cerca vio cómo todos empezaban a reír después de que el hombre encorbatado acabara de explicar lo que parecía un chiste.

—¡Ahora yo! —intervino un hombre despeinado, barbudo, y vestido con una camisa de corte y color militares que llevaba por fuera del pantalón vaquero—. ¿Saben qué ruido hace un electrón cuando cae de nivel? —preguntó mientras todos se quedaban pensando—. ¡Planck! —respondió, haciendo reír a todo el mundo.

—¿Lo ha entendido? —preguntó discretamente el director del CERN a su invitado.

—Se refiere a Max Planck, ¿verdad? El físico que descubrió que los electrones solo pueden ocupar determinadas órbitas alrededor del núcleo, ¿no?

—¡Vaya por dónde! —afirmó Victor Weisskopf gratamente sorprendido—. De hecho, eso lo demostró Bohr, pero efectivamente el chiste se refería al padre de la física cuántica. ¡Bravo!

—Va, uno más —insistió aquel improvisado humorista—. Hace unos días la policía de Múnich tuvo que detener a un conductor temerario en la autopista. Sentado al volante de su Porsche estaba Werner Heisenberg —explicó mientras todos reían, imaginándose al ya sexagenario físico alemán conduciendo un vehículo de forma imprudente—. «¿Pero usted sabe a qué velocidad iba?», preguntó el policía. «No tengo ni la más remota idea», respondió Heisenberg, «en cambio, puedo decirle con gran precisión dónde estoy» —remachó mientras todo el mundo empezaba a troncharse de risa.

Ni siquiera el director Weisskopf pudo mantener la compostura ante aquel ingenioso chiste. Incluso George Townsend había seguido atentamente la broma, dibujando una carcajada forzada, para simular que lo había entendido.

—¿A eso le llaman humor irlandés? —preguntó Weisskopf.

—Buenos días, Viki —respondió el autor del chiste, dirigiéndose a su jefe con ese apodo mientras se levantaba—. No te he visto llegar.

—Señor Townsend, le presento al profesor Bell —aclaró el director del CERN ante la sorpresa del asesor político.

—Mucho gusto, señor Townsend. Ya ve que aquí somos muy serios.

—No le haga caso —intervino Weisskopf—. Es de Belfast —señaló a modo de justificación.

—Conozco perfectamente el peculiar sentido del humor que gastan allí —confirmó el laborista inglés.

—Bueno, yo debo excusarme —se disculpó Victor Weisskopf—. Le dejo en buenas manos —añadió antes de volver a sus tareas.

—¿Quiere acompañarme a mi despacho? Allí estaremos más tranquilos —sugirió John Bell invitándole a abandonar la cafetería.

Mientras se dirigían al ascensor, George Townsend no dejaba de observar la imagen y la pose de aquel eminente científico que parecía haber salido de alguna manifestación de Belfast. Ya en el elevador, el profesor Bell disparó sin avisar.

—No ha entendido el chiste, ¿verdad? —preguntó.

—Si le soy sincero…

—Ja, ja, ja… —rio ante el enfado del asesor—. No me malinterprete, de verdad. Lo que me hace gracia es que haya hecho ver que sí que lo entendía —explicó, y volvió a quedarse en silencio unos segundos—. ¿Quiere que se lo cuente?

—Por favor —confesó Townsend.

—Según el principio de incertidumbre postulado por Werner Heisenberg, no se puede conocer simultáneamente la posición y la velocidad de una partícula, como por ejemplo un electrón. O se conoce una cosa u otra. De hecho, según su teoría, cuanto más seguros queramos estar de dónde se encuentra localizada una partícula menos seguros podremos estar de qué momento y velocidad tiene.

$$\Delta x \, \Delta p \geq \frac{\hbar}{2}$$

—Ah... —suspiró el periodista—. Je, je... Ahora lo pillo. Por eso el conductor sabe decir dónde está, pero no puede saber a qué velocidad iba el coche —aclaró mientras entraban en el despacho.

George Townsend no se esperaba lo que vio dentro de aquella habitación cuando su anfitrión le abrió la puerta y encendió la luz. Se imaginaba un despacho desordenado y lleno de papeles, libros y equipos extraños de los que no sabría determinar el funcionamiento ni el propósito. Sin embargo, pero esa habitación estaba bastante más vacía de lo previsto. Encima del escritorio solo había una máquina de escribir y una docena de revistas bien apiladas con apuntes que marcaban páginas concretas. En la librería tampoco había muchos volúmenes. Lo que realmente sorprendía de aquella sala de trabajo eran las pizarras que cubrían las paredes del despacho. No había ni un centímetro cuadrado vacío. Estaban completamente escritas con fórmulas y cálculos que con toda seguridad no descifraría tan fácilmente como el chiste.

—Pues es un privilegiado —dijo Bell cerrando la puerta.

—¿Cómo?

—No hay muchas personas en el mundo que le encuentren sentido.

—¿Me vuelve a tomar el pelo? —preguntó Townsend.

—¡No, ni hablar! Ja, ja, ja... —rio—. Se lo digo de verdad. Los de la cafetería han entendido la broma, pero casi ninguno de ellos encuentra sentido al hecho de no poder conocer las dos variables a la vez.

—Vamos, no se burle de mí.

—¿No me cree? —preguntó Bell—. Si le soy sincero, yo tampoco lo entiendo —confesó el físico mientras el asesor empezaba a prestarle atención para tratar de entenderlo—. Me parece absurdo. De verdad.

—¿Sugiere que Heisenberg está equivocado? ¿En esto consiste su tarea aquí? ¿Se trata de demostrarlo?

—No, no. El doctor Heisenberg ganó el Premio Nobel con toda legitimidad. Se lo merecía. Sus aportaciones son de un valor incalculable. De hecho, tiene razón cuando dice que no se puede conocer simultáneamente la velocidad y la posición de un electrón, y la prueba es que, de momento, nadie ha podido. También tiene mucho mérito haberse dado cuenta de por qué nunca podremos observar un átomo sin alterarlo.

—¿Ni siquiera con instalaciones como esta? —preguntó el periodista.

—No. Del principio de incertidumbre también se deriva que no se puede observar la realidad a escalas subatómicas sin adulterarla. A partir del momento en que iluminamos un átomo para tratar de examinarlo lo estamos modificando, alterando y, en consecuencia, lo que advertimos ya no es el átomo en sí mismo, sino el resultado de nuestro experimento.

—¿Quiere decir que el observador altera la realidad?

—Correcto. Como los políticos, ja, ja, ja... —ironizó, mientras Townsend sonreía empezando a entender el sentido del humor de aquel físico norirlandés—. Esto, al menos a escalas subatómicas, es absolutamente cierto. Es imposible fotografiar un rayo de luz, porque en el momento que lo iluminamos ya no es el rayo de luz antes del experimento.

—Supongo, pero ¿sugiere que a otras escalas este principio también vale?

—Bueno, desde un punto de vista filosófico quizás sí, y me parece muy interesante, la verdad. Nosotros somos parte de la naturaleza, no podemos aspirar a observarla «desde fuera» —subrayó haciendo el signo de comillas con las manos—. Un científico es la naturaleza observándose a sí misma. O, al menos, una parte de la naturaleza mirándose al espejo.

—Eso parece muy místico y poco físico, si me permite.

—¡Por supuesto! Tiene toda la razón; pienso igual. Y Einstein también lo pensaba. Desde su formulación, en 1927, se opuso al principio de incertidumbre con todas sus fuerzas. Si no somos capaces de predecir el comportamiento de una partícula, o bien nuestras teorías no son completas o nuestros equipos son insuficientes.

—Parece evidente.

—A ver, lo que afirma Heisenberg también tiene lógica. Le pondré un ejemplo sencillo.

—Por favor.

—Imagínese que apago las luces del despacho y le digo que localice una pequeña pluma de pájaro que he dejado en algún rincón. ¿Cómo lo haría?

—A tientas, supongo.

—Exacto. Pero con su movimiento por la sala crearía corrientes de aire, pequeñas, pero suficientes para mover la pluma. Cuando la localizara, la pluma ya no estaría en el lugar que ocupaba al principio del experimento.

—Eso lo entiendo, pero quizás con los años se encuentra un método o una tecnología para poder hacerlo sin ir a tientas.

—¡Ecco! —aplaudió Bell—. Esto es lo que pensaban Einstein y Schrödinger, e incluso su gato. Pero el grupo de Copenhague opinaba distinto.

—¿Me lo puede aclarar? —preguntó el laborista inglés—. De una forma comprensible, quiero decir.

—Lo intentaré. Heisenberg y Bohr defendían lo contrario que Einstein. Ellos afirmaban que la realidad no es tal y como la imaginaba la física clásica. Postularon que los electrones no son una bolita que gira alrededor del núcleo de un átomo, como habían imaginado todos los físicos hasta entonces, empezando por Ernest Rutherford o el propio Max Planck.

—Ah, ¿no?

—No. Si ese fuera el caso, debería poder calcularse su velocidad y su posición. Aunque costara muchos años...

—¡Y mucho dinero! —interrumpió el asesor, recordando el verdadero motivo de su visita.

—Ja, ja, ja... ¡Exacto! —aceptó Bell—. Según el tándem Bohr-Heisenberg, el hecho de que el electrón pueda comportarse como una onda o como una partícula no es una limitación de los métodos o técnicas actuales, sino un resultado de la propia naturaleza de la partícula. Todo dependerá del experimento al que la sometamos.

—¿Quiere decir que el electrón no es ni lo uno ni lo otro?

—O quizás sea ambas cosas a la vez. Esto es lo que defiende la interpretación de Copenhague, según la cual el electrón se comporta de una forma u otra —se posiciona, si lo quiere decir así— solo cuando hay un observador.

—¿Quiere decir que el electrón decide?

—No de forma consciente y, en todo caso, técnicamente decimos que colapsa su función de onda.

—Yo no soy experto en...

—¡No me diga! —ironizó Bell.

—Pues no, pero creía que las partículas tienen una determinada naturaleza, y si acaso somos los humanos los que no podemos, o no hemos podido hasta ahora, descubrirla. Yo me imaginaba a los átomos como un pequeño sistema solar a escala, con el núcleo haciendo de sol y el resto de electrones como planetas en miniatura orbitando a su alrededor. ¿No?

—¡Bravo! Acaba de describir la concepción clásica de la física nuclear. Pero la visión cuántica afirma que el electrón es en realidad una nube de probabilidades donde es más o menos fácil localizarla. Lo que dice, literalmente, es que las partículas subatómicas son nubes no materiales de funciones de onda.

—Uy, uy, uy... Ahora sí que me he perdido, pero me parece algo absurdo, todo esto, ¿verdad?

—Lo parece. Pero la ciencia ha aprendido a no descartar una teoría por el mero hecho de parecer absurda. La teoría de la relatividad de Einstein también lo parecía, pero la evidencia la ha confirmado en numerosas ocasiones.

—¿Eso es lo que hay que hacer con el principio de incertidumbre de Heisenberg, entonces?

—¡Exactamente! En eso consiste mi trabajo. Pero no es sencillo. De momento, nadie ha sido capaz de proponer un experimento realizable que refute, o tal vez confirme, esa teoría. ¡Ni Schrödinger y su gato pudieron hacerlo! —concluyó riendo.

—Otra vez ese gato. Perdone, pero no sé de qué me habla.

—Erwin Schrödinger defendió la posición de Einstein

proponiendo un experimento que, desgraciadamente, no se puede hacer. Mire —dijo levantándose y girando una pizarra de pie para hacer unos dibujos en la cara trasera—. Imagínese que encerramos un gato en una caja opaca e insonorizada. Desde el exterior nada se puede saber del estado del felino. En su interior, además del gato, habría una muestra de material radiactivo con una probabilidad de desintegración del cincuenta por ciento y un contador Geiger. ¿Hasta aquí me sigue?

—Creo que sí.

—Ahora conectamos el contador Geiger a un martillo. Si el contador detecta radiación, activa el percutor y golpea un vial de cristal donde hay un veneno mortal. Si no detecta radiación, no ocurre nada. Al cabo de una hora hay tantas posibilidades de que el macabro sistema se haya activado como que no lo haya hecho. Hay un cincuenta por ciento de posibilidades de encontrar el gato vivo y otro cincuenta por ciento de posibilidades de encontrarlo muerto, ¿cierto?

—Sí, sí, hasta aquí lo entiendo.

—Según las visiones clásicas que defendían él y Einstein, y también el sentido común imperante, transcurrido ese tiempo el gato estará vivo o muerto independientemente de si el observador abre o no la caja. ¡No se encontrará una nube cuántica! —afirmó con tono burlón—. Sin embargo,

según la interpretación del principio de incertidumbre que hacen Bohr y Heisenberg y la Escuela de Copenhague, en un mundo cuántico el gato se encuentra en un estadio intermedio. En una nube de probabilidades donde estar vivo y estar muerto tendrían el mismo valor. Solo cuando el experimentador abre el compartimento la realidad se define entre una u otra situación. Es como si abrir la caja generara dos caminos distintos, como una carretera que se bifurca. Según algunas teorías, sería como si se abrieran dos universos paralelos, uno con el gato vivo y el otro con el gato muerto.

—Me parece muy rara esta interpretación, si me permite. Estoy...

—¿Perplejo? —preguntó.

—¡Sí, exacto!

—¡Pues felicidades! ¡Antes de salir puede recoger un doctorado en física cuántica!

—No se ría de mí, por favor.

—No lo hago. Niels Bohr dijo que si la primera vez que oyes hablar del principio de incertidumbre no te quedas perplejo es que no has entendido absolutamente nada. Su perplejidad es una buena señal.

—Ah, si es así... Pero, en cualquier caso, este experimento es irrealizable, entiendo.

—¡Por suerte para el gato! —bromeó haciendo reír al asesor inglés—. Por eso estamos trabajando en otro experimento.

—Parece difícil, diría que imposible. ¿Cree que lo logrará?

—A finales de año espero tener una propuesta para un experimento más sencillo que, en vez de gatos, se base en electrones.

—¡Caramba! ¡Esto es una gran noticia! ¡A ver si estoy ante el próximo Premio Nobel! —dijo Townsend, que ya se había contagiado del buen humor de Bell.

—No lo creo.

—Sin embargo, le gustaría, ¿no?

—Uff... —respondió usando un tono serio por primera vez—. No sé qué decirle. Claro que sí. Todos anhelamos ser recordados junto con nombres como Galileo, Curie, Newton o Einstein, pero no es el objetivo de nuestro trabajo. Y, si le soy sincero... —Y se detuvo.

—Por favor, siga.

—Pues es una opinión muy personal, pero creo que la época de los grandes genios solitarios y extravagantes ha pasado.

—Hombre, extravagante usted lo es. Genio no lo sé...

—Ja, ja, ja... —rio Bell—. Me gusta su sentido del humor. ¿Seguro que no tiene sangre irlandesa? —preguntó mientras ambos reían de nuevo.

—Cuando he visto su aspecto en la cafetería... ¡ja, ja, ja! —confesó Townsend.

—Mire que le hago desaparecer como el gato de Schrödinger, ¿eh? —siguió con la broma el norirlandés.

—Ja, ja, ja... No, en serio. ¿Por qué cree que ya ha pasado la época de los grandes genios?

—Pues por esto —sentenció mirando a su alrededor y abriendo sus brazos—. Por donde estamos. Ahora tenemos más herramientas, más recursos y más gente formada de la que jamás habíamos dispuesto en toda la historia de la humanidad. Durante los próximos cien años la ciencia y la tecnología darán un salto espectacular. Inimaginable. Soy incapaz ni siquiera de especular hasta dónde podemos llegar. Y los logros serán fruto del esfuerzo colectivo. Ya no habrá que esperar medio siglo a que nazca otro genio para avanzar. Podemos hacerlo la gente normal, como usted o como yo, colaborando entre nosotros, en instalaciones como esta. Hasta ahora no habíamos tenido una oportunidad como la que se nos presenta. No podemos desperdiciarla —explicaba John Bell bajo la atenta mirada de George Townsend, que veía en los ojos de aquel físico el entusiasmo que un día le había hecho entrar a militar en el partido laborista—. No la desperdiciaremos. No podemos permitírnoslo. Estamos tan, tan, tan cerca de derrotar a la ignorancia, la superstición, la charlatanería... Tan cerca —dijo marcando unos centímetros entre sus dedos—. Nunca los habíamos tenido tan acorralados como hasta ahora. Nunca.

George Townsend fue incapaz de no dejarse arrastrar por esa pasión. Se quedó unos momentos pensativo y prestando atención a cómo ese observador de partículas borraba la pizarra. Por unos segundos se sintió más cerca de ese profesor de física que de la mayoría de sus colegas de Gobierno. Hasta que John Bell se volvió, despertándole de esas reflexiones.

—¿No está de acuerdo?

—Pues sí, de hecho me preguntaba si no ha pensado dedicarse a la política —bromeó.

—¡No! Ja, ja, ja... ¡Tampoco me votaría nadie! Yo intento descubrir y explicar la realidad, no inventármela.

—Nunca se sabe. ¡Quizás en un universo paralelo sería primer ministro! —siguió la broma Townsend—. En cualquier caso, es imposible destruir a los charlatanes. Yo convivo con ellos, trabajo cada día a su alrededor, y créame: no se les puede destruir; se transforman, como la energía.

—Ja, ja, ja... Es buena esta. Mire, yo me haré político si usted se hace físico —añadió Bell.

George Townsend siguió bromeando mientras aquel físico sorprendente hacía desaparecer el gato de Schrödinger, concretamente el dibujo del gato, y el resto de cajas cuánticas que había trazado en la pizarra. Era un entusiasta de su trabajo. Se notaba por la forma en que hablaba de sus investigaciones. «Se le ve feliz», se decía a sí mismo el asesor. En Bell veía esa pasión que él mismo había experimentado cuando, de joven, había querido participar en la toma de decisiones políticas, y por unos instantes sintió cómo se le despertaba ese sentimiento de nuevo. Quizás desde su posición actual podría ayudarle.

Pero cuando miró el reloj, se dio cuenta de que el rato le había pasado volando y ya era hora de volver a su hotel a recoger la maleta. Pensando en esas últimas palabras del profesor John Bell, comprobó que su bloc de notas seguía abierto en una página en blanco. No había tomado nota alguna. Ni le hacía ninguna falta. Ya tenía lo que quería. Quizás más de lo que esperaba antes de iniciar esa visita al CERN.

Tan solo dos semanas después, el 4 de noviembre de ese mismo año, John Stewart Bell publicaría un artículo proponiendo un experimento para demostrar que el principio de incertidumbre de Heisenberg era erróneo. Pero el ensayo no pudo llevarse a cabo hasta los años ochenta y demostró justo lo contrario de lo que esperaba encontrar Bell. A él, como a Einstein y a otros muchos, le había traicionado el sentido común.

Sin embargo, el debate sobre si el determinismo científico había recibido una estocada fatal perduraría bastante tiempo. Durante décadas, muchos investigadores seguirían defendiendo que el azar es solo la apariencia de una realidad compleja, y quizás inescrutable al cien por cien. Pero el principio formulado por Heisenberg seguiría recogiendo avales y, además, empezaría a ser aplicado para poder explicar fenómenos de dimensiones cósmicas.

La naturaleza de los agujeros negros, la radiación de Hawking o los instantes inmediatamente posteriores, y quién sabe si los anteriores, al Big Bang serían explicados, a finales del siglo XX y comienzos del siguiente, aplicando el modelo descrito por el grupo de Copenhague.

Mientras recorrían el pasillo en dirección al ascensor, George Townsend se sinceró con su anfitrión:

—Creo que me ha convencido.

—¿De qué?

—No disimule.

—Se lo digo de verdad. ¿De qué debía convencerle?

—¿No le dijo nada el director Weisskopf?

—No. De hecho, me dijo que le entretuviera de algún modo. Nada más.

—Ja, ja, ja… —rio el asesor político.

—Ahora soy yo quien no entiende el chiste —se quejó Bell.

—El Gobierno laborista me ha enviado para saber si inversiones como el CERN, ahora que apenas ha cumplido diez años, son rentables. Y, pese a mi escepticismo inicial, usted me ha convencido, la verdad.

—¡Caramba! Qué responsabilidad. Menos mal que Viki no me ha dicho nada, porque me habría puesto nervioso. Pero bueno, mejor así. Me alegro. En cualquier caso, tampoco crea que esta instalación dará rendimientos inmediatos; al menos no económicos. Aquí intentamos responder preguntas y desarrollamos herramientas que poco tienen que ver con el día a día de sus electores.

—¿Qué quiere decir?

—Que aquí no vamos a inventar la rueda. Ni la imprenta —explicó irónicamente.

—Creo que ya están inventadas, ja, ja, ja… —confirmó George antes de echarse a reír.

Ambos siguieron bromeando distendidamente en dirección al ascensor. En ese momento no eran conscientes del error de Bell sobre los resultados que obtendrían los experimentos que propondría al cabo de unas semanas. Como tampoco podían percatarse de otro error cometido por aquel simpático profesor de física teórica. Sin saberlo, en ese preciso momento estaban pasando por delante de la puerta de un despacho donde en 1990 se crearía la primera página web de la historia.

16. UN UNIVERSO DE LA NADA

Princeton (Nueva Jersey), 10 de diciembre de 1978

Era una noche como cualquier otra en Nueva Jersey. En una calle tranquila y bien iluminada, las familias cenaban, conversaban o miraban la televisión. Algunas hacían las tres cosas a la vez. Robert Dicke y su esposa, Annie, también estaban en su casa acabando de recoger la mesa. Judy, su nieta de diez años, que esa noche se había quedado a cenar con ellos, ya estaba en el sofá mirando la televisión. De repente, en las noticias apareció una cara conocida.

—¡Mirad, mirad! —gritó la niña—. Abuelo, ¡sales en la tele! ¡Sales en la tele!

Robert Dicke solo se volvió un segundo, y dejó entrever media sonrisa de complicidad hacia su nieta. Ya sabía que en aquellos días su nombre saldría en los medios de comunicación, aunque lo haría muy tangencialmente. Los verdaderos protagonistas de la noticia, y del fin de semana, serían Arno Allan Penzias y Robert Woodrow Wilson, dos astrofísicos estadounidenses que acababan de recibir el Premio Nobel por un descubrimiento sorprendente que habían hecho una década antes a pocos kilómetros de ese barrio.

—¡Abuelo, mira! —insistió Judy antes de que la foto de su abuelo dejara paso a las imágenes provenientes de Estocolmo—. Oooh... —lamentó la niña al ver que su abuelo desaparecía de la pantalla— ¿Lo has visto?

—Sí, cariño, sí —confirmó Dicke acariciando el pelo de Judy—. Voy a fumarme una pipa —añadió, a continuación, y salió hacia el porche de casa con su tabaco, como hacía cada noche después de cenar.

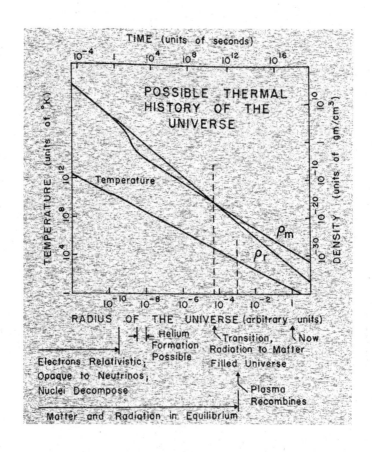

264

—¿Por qué salía en la tele el abuelo? —insistió la niña mientras la abuela se sentaba a su lado.

—No es la primera vez que sale, ¿sabes? —empezó Annie—. Ha recibido muchos premios y reconocimientos por los inventos y descubrimientos que ha realizado.

—¿En la tele decían esto?

—No, hoy no. Hoy hablaban de dos hombres que han recibido un premio en Suecia.

—¿Dónde está eso? —preguntó Judy.

—En Europa —aclaró la abuela—. Allí les han dado el premio más importante que puede recibir un científico, el Premio Nobel.

—¿El abuelo también lo ha recibido? —preguntó la niña emocionada.

—No, él no.

—¿Ya se lo habían dado antes?

—No, tampoco, bonita.

—¿Por qué salía una foto del abuelo?

—Porque estos dos hombres hicieron un gran descubrimiento gracias a un invento del abuelo.

—Pero... —dijo la niña, contrariada—. Esto no es justo. Si era un invento del abuelo, ¿por qué se llevan el mérito esos dos? —añadió señalando la pantalla, donde enfocaban a los galardonados atendiendo a los medios de comunicación.

—Bueno, no es sencillo de explicar. Además, ya va siendo hora de que te vayas a dormir.

—¡Por favor, abuela! Por favor, explícamelo y luego me iré enseguida a la cama, te lo prometo. ¿Vale?

—De acueeerdo —aceptó la abuela alargando la respuesta—. Pero, si tu madre sabe a qué hora te has acostado, se enfadará conmigo. —Rio—. Mira, todo empezó una mañana de hace trece o catorce años, cuando tú todavía no habías nacido. Fue muy cerca de aquí... —empezó a contar, bajo la atenta mirada de su nieta.

Arno Penzias estaba trabajando en el despacho que compartía con su colega Robert Wilson en los Laboratorios Bell, situados en Holmdel, a unos veinte kilómetros al sur de Nueva York. Mientras iba pasando las páginas de su libreta miraba por la ventana que tenía justo enfrente. Era una mañana gris, nublada, con unas nubes espesas que, a pesar de no parecer tener ganas de descargar ningún chaparrón, no dejaban entrever ni un rayo de sol.

No estaba muy concentrado en sus notas. De hecho, prestaba más atención a unas palomas que había posadas en la cornisa de la ventana que a los datos que había ido recogiendo durante el último año en su libreta. Quizás habían repasado aquellas anotaciones un millar de veces durante las últimas semanas. Tanto él como Robert eran especialmente metódicos y no querían dejar ningún detalle al azar; por eso habían vuelto a seguir todos los pasos una y otra vez desde el principio. Pero, de momento, ese esfuerzo había sido en vano.

Observar aquellos pájaros, en cierto modo, también formaba parte del trabajo. Robert Wilson seguía insistiendo en que aquellas aves eran las responsables del retraso en la puesta en marcha de su proyecto. Pero Arno Penzias ya no sabía qué pensar.

Ambos físicos eran expertos en radioastronomía, una rama de la astrofísica que estudia las emisiones electromagnéticas de los distintos cuerpos celestes. Por eso nunca pensaron que la parte más complicada de su proyecto sería instalar y hacer funcionar una innovadora antena con la que tenían la intención de realizar varios experimentos de comunicaciones por satélite.

El proyecto comenzó con buen pie, o eso pareció en un principio. La instalación del aparato fue rápida y sencilla, pero después todo empezó a complicarse. El culpable era un pequeño ruido, una interferencia, que fueron incapaces de eliminar. Pasaron los días y las semanas, pero al cabo de nueve meses todo el proyecto seguía en la casilla de salida por culpa de ese obstáculo. Era un sonido persistente y agudo que, en la práctica, inutilizaba el radiómetro Dicke, un receptor de microondas inventado por Robert Dicke y con el que querían iniciar sus experimentos.

Habían revisado todos los componentes instalados decenas de veces, y habían repasado todas las conexiones y juntas por si alguna funcionaba de forma incorrecta. Decidieron reforzarlas con un aislamiento suplementario, por encima de lo que requería un equipamiento de ese tipo, y sustituyeron algunos elementos dudosos. Pero nada. Todo fue inútil. Hicieran lo que hicieran, eran incapaces de eliminar aquella distorsión.

—Tengo otras dos —confirmó Wilson entrando en el laboratorio.

Arno Penzias se giró y vio a su compañero llegando con una jaula metálica donde había dos palomas recién capturadas. Pero no dijo nada. Le dio la espalda y siguió pasando páginas de forma repetitiva y displicente.

—¡Malditos pajarracos! —se quejó el improvisado cazador mirando aquellas dos palomas enjauladas.

—Déjalas estar —sugirió finalmente Penzias.

—¿Que las deje estar? ¡Nos han hecho perder casi un año! ¡No pararé hasta que las haya liquidado a todas! —dijo amenazando a las aves con el dedo índice.

—Robert, no son ellas. Ya no queda material blanco dieléctrico. No pueden ser las responsables.

—Arno, dos cosas —empezó su colega suspirando—. Primera: la única explicación lógica es que estos pajarracos sean los culpables del fracaso de nuestro experimento. Hemos repasado y vuelto a repasar todas las demás posibilidades mil veces. Solo pueden ser las palomas.

—¿Y la segunda? —dijo Penzias, visiblemente mosqueado.

—No vuelvas a decir «material blanco dieléctrico», por favor. Di «caca de paloma», «estiércol de pájaro» o «mierda de ave», como hace todo el mundo, pero no vuelvas a decir «material blanco dieléctrico». Es ridículo.

—¡Claro! ¡En el bloc de notas escribiré «mierda de paloma»! —exclamó Penzias levantando la libreta—. ¡Muy profesional! ¡Muy científico!

—¿Acaso crees que ha sido «muy profesional» pasarnos tres semanas limpiando las cagadas de pájaro de la antena? ¡Joder, Arno! ¡Si todavía noto el hedor de la mierda de estas ratas aladas! —confesó Wilson oliéndose la camisa.

—No me lo recuerdes, por favor —pidió Penzias bajando el tono de voz.

Los dos astrofísicos permanecieron unos instantes en silencio. Aquellas discusiones, algunas veces absurdas, se habían ido repitiendo las últimas semanas. Estaban nerviosos, decepcionados y cansados. El proyecto no arrancaba y empezaban a temer por su financiación. Si no obtenían algún resultado pronto, o como mínimo conseguían poner en funcionamiento el radiómetro, todo se iría al garete. Por eso habían decidido, como última y desesperada medida, limpiar manualmente la superficie de la antena de las excreciones de esas palomas.

Sin embargo, a pesar del esfuerzo, la conexión posterior a la escatológica limpieza fue decepcionante. El ruido seguía exactamente igual que antes. Llegaron a pensar que la proximidad de la ciudad de Nueva York era su causa, pero el traslado a otro emplazamiento no era una opción viable. Sin embargo, antes de tirar la toalla aún les quedaba una última carta por jugar.

—Pues no sé qué más podemos hacer. Lo hemos probado todo —lamentó Wilson.

—Todo no —respondió Penzias.

—¿Qué propones?

—Llamar a Robert Dicke.

—¿Y qué le dirás?

—Pues la verdad —respondió subiendo los hombros.

—¡¿Que no sabemos ni instalar una simple antena!?

—Quizá él sepa de dónde sale el ruido. O quizá caiga en algún detalle que nosotros hemos pasado por alto. Él inventó esta antena.

—Se reirá de nosotros. Y si lo explica seremos el hazmerreír de toda la comunidad científica.

—¿Se te ocurre otra persona a la que podamos consultar?

Wilson no respondió. Se quedó mirando el teléfono unos segundos. Finalmente, se puso la mano en el bolsillo trasero de los pantalones de pana y sacó una moneda de diez centavos.

—A Franklin —propuso finalmente.

—¿Cómo?

—A Franklin Delano Roosevelt —aclaró, mostrando el perfil del presidente norteamericano justo antes de lanzar la moneda al aire—. Si sale cara, llamas tú. Si sale cruz, me como yo el pato.

La moneda dio varias vueltas en el aire y finalmente cayó sobre la mesa. Justo frente a la jaula. Los dos pájaros y los dos humanos la miraron durante un instante que se hizo eterno.

—¡Mierda! —confirmó Arno Penzias al ver que había perdido la apuesta.

—No, se dice «material blanco dieléctrico» —ironizó Robert Wilson mientras su compañero lo fulminaba con la mirada.

A solo unos kilómetros de los Laboratorios Bell, Robert Dicke estaba trabajando en el Departamento de Física de la Universidad de Princeton, donde daba clases. Un grupo formado por alumnos, becarios y colaboradores suyos estaban repasando una serie de datos y lecturas hechas por uno de sus radiómetros. Un aparato muy parecido al instalado en Holmdel. De repente, empezó a sonar el teléfono de su despacho.

¡Robert! ¡Creo que es tu teléfono! —gritó su colega Peter Roll.

—Mmm... —respondió distraído—. Ya lo cojo.

Dicke fue hacia su escritorio y descolgó el aparato sin cerrar la puerta del despacho.

—Diga.

—¿Profesor Dicke? Soy Arno Penzias, quizás no se acuerda de mí. Trabajo en los Laboratorios Bell, aquí al lado, en Holmdel.

—Ah, sí, ya sé quién es. Recuerdo que hablamos hace un año, o quizá más. Querían realizar unos experimentos de comunicación por satélite con un radiómetro.

—¡Exacto! —exclamó Penzias.

—Qué casualidad —dijo Dicke—. Nosotros hace unas pocas semanas que hemos acabado de instalar uno exactamente igual que el suyo aquí en la universidad, y apenas empezamos a recibir los primeros datos. ¿Cómo les va a ustedes?

—Mal —confesó Penzias—. La verdad es que ni siquiera hemos empezado. Tenemos un problema con la antena y no sabemos resolverlo.

—¿Qué ha pasado?

—Lo hemos repasado muchas veces y todo parece conectado, todo funciona bien. Hemos cambiado las piezas dudosas, hemos reforzado los aislamientos, e incluso hemos limpiado manualmente el... —En ese momento, Robert Wilson le dio un golpe en la espalda— ... las heces de pájaro —siguió, evitando el eufemismo que tanto molestaba a su colega—. La verdad, ya no sabemos qué hacer. Llevamos nueve meses en un punto muerto.

—¡Caramba! ¿Qué tipo de problema tienen? —preguntó Robert Dicke.

—Existe una interferencia que no podemos eliminar. No hay forma. Es un sonido agudo y persistente...

—¿¡Cómo dice!? —le interrumpió.

—Digo que es un sonido agudo y persistente que creemos que puede venir de Nueva York...

—¡Olvídese de Nueva York y de la mierda de las palomas! ¿Cómo es ese sonido? ¿Qué frecuencia tiene!?

—Mire... —dijo abriendo la libreta—. Es un ruido que está en torno a los 3,5 grados kelvin... —De repente se oyó un golpe fuerte y seco. Arno Penzias calló en seco—. ¡Profesor Dicke! ¿¡Profesor Dicke!? ¿Hola? —insistió sin éxito—. ¿Oiga? Vaya, se habrá cortado —especuló volviéndose hacia su compañero.

—Seguro que se están riendo de nosotros —afirmó Robert Wilson.

Al otro lado de la línea telefónica, Robert Dicke salió temblando de su despacho. Estaba blanco y caminaba a pasos lentos e inseguros, apoyándose en la pared.

—Robert, ¿te encuentras bien? —le preguntó Peter Roll al verle.

Luego echó una mirada al interior del despacho y vio el teléfono en el suelo. El profesor Dicke siguió caminando hacia la máquina expendedora de agua si apenas fuerzas. Sacó un vaso de papel e intentó llenarlo, pero cayó más líquido fuera que dentro. Peter Roll se acercó rápidamente, le llenó el vaso y se lo dio.

Cuando Robert Dicke se lo acabó, se giró hacia la sala. Todo el mundo estaba de pie mirándole, preocupado por saber qué había pasado. Él seguía blanco y tembloroso, pero poco a poco empezó a esbozar una pequeña sonrisa en la cara y los ojos se le iluminaron. Se quedó mirando a todo el grupo y puso una mano sobre el hombro de su amigo y colaborador Peter Roll. Y finalmente, con un nudo en la garganta, pronunció unas palabras que pasarían a la historia de la ciencia.

—Chicos, nos han robado...

Robert Dicke y su equipo llevaban tiempo trabajando en un proyecto muy ambicioso: trataban de detectar, sin éxito, precisamente ese ruido captado accidentalmente por la antena de los Laboratorios Bell. Sin ser conscientes de ello, lo que Penzias y Wilson habían estado escuchando durante nueve meses y que ellos solo consideraban una interferencia, era, probablemente, el sonido más maravilloso que nunca había oído ningún ser humano, hasta ese día. Se trataba de la señal más antigua que podía detectar ningún ser vivo de nuestro planeta.

Cuando el profesor Dicke anunció a su equipo que les habían robado, todos sus colaboradores de la Universidad de Princeton entendieron de inmediato a qué se refería. Hacía tiempo que trabajaban con un objetivo muy concreto y al fin creían que estaban a punto de tocar con la punta de los dedos la confirmación de una de las teorías más completas de la historia de la ciencia: la que intenta explicar cómo había empezado todo lo que conocemos. Como se habían originado el espacio y el tiempo. En resumen, cuál era el origen del cosmos.

Sin embargo, aquel descubrimiento se había empezado a gestar hacía décadas, justo en el mismo momento en que Einstein había formulado las leyes de la relatividad general. Fue entonces cuando muchos físicos anticiparon que, si el modelo propuesto por el científico de origen alemán era cierto, solo había dos posibilidades: o el universo se expandía o se contraía, pero ya no era posible seguir creyendo en un cosmos inmutable y estático como se había hecho hasta entonces.

Aquellas conclusiones eran, como mínimo, inquietantes. Y abrían un abanico de preguntas que no tenían una respuesta clara, y en aquellos años ni siquiera permitían formular una hipótesis. Ni el propio Albert Einstein quiso aceptar las conclusiones de su propia teoría y especuló con una «constante cosmológica» de la que él mismo acabaría renegando con el paso del tiempo, admitiendo que había sido la metedura de pata más grande de su carrera.

Solo habían pasado dos décadas desde la formulación de la teoría de la relatividad general cuando las observaciones hechas por Edwin Hubble demostraron que la mayoría de galaxias conocidas se alejaban de la Vía Láctea; eso confirmaba la validez de las leyes einstenianas y, en consecuencia, la hipótesis de un universo en continua expansión.

Inmediatamente después de aquel descubrimiento, varios físicos teóricos, como el belga Georges Lemaître, empezaron a plantear una pregunta en voz alta. Si todas las galaxias observadas en el presente se alejan unas de otras, eso solo podía significar que en el pasado estaban más cerca las unas de las otras. Haciendo retroceder las agujas del tiempo, la conclusión era obvia: en algún momento de un pasado remoto habían estado todas juntas en un mismo lugar. Apelotonadas. Amontonadas en un punto infinitamente pequeño. Pero ese modelo teórico parecía increíble a ojos de muchos científicos, hasta el punto de que algunos no dudaron en mofarse públicamente de él.

Uno de los detractores de esa explicación fue el astrónomo Fred Hoyle, que en 1949 se rio de aquella idea en una entrevista de la BBC, diciendo que no creía en la teoría de una gran explosión inicial, en un Big Bang, tal como la llamó. Sin saberlo, y pese a su incredulidad inicial, acababa de dar nombre a uno de los descubrimientos cosmológicos más importantes de todos los tiempos.

Pero la ciencia es tozuda y, si las teorías de Einstein eran ciertas, y todo hacía sospechar que lo eran, la mejor explicación posible para el origen del universo era un modelo en el que, en algún momento del pasado lejano, en algún instante determinado de todavía no hace 14 000 millones de años, toda la materia del cosmos se había concentrado en un punto, en una singularidad infinitamente pequeña y densa.

Sin embargo, ese modelo no podía confirmarse mediante la observación directa por motivos obvios; así que debían buscarse pruebas indirectas que la confirmaran. Con los años llegarían varias evidencias que validarían esa teoría. Una de las últimas en conseguirse fue la que se obtuvo el 17 de marzo del 2014, cuando se pudieron detectar por primera vez las ondas gravitacionales originadas por la gran explosión inicial, un dato que daba un apoyo definitivo a la teoría del Big Bang.

Pero, antes ya se habían recogido otras pruebas. La primera llegó en 1965, de la mano de dos radioastrónomos que habían estado oyendo un ruido molesto durante meses. Era el vestigio de la radiación de fondo originada en los instantes posteriores a su gran explosión. Era el sonido del propio origen del universo. Del momento en que todo había empezado. Era el sonido que el profesor Dicke y su equipo habían buscado y que, aunque alguien les había pasado por delante, confirmaba que sus predicciones eran ciertas.

El Premio Nobel de Física por ese descubrimiento recaería en la pareja de astrofísicos de Holmdel que, mientras limpiaban el «material blanco dieléctrico» de la antena, nunca habrían imaginado el prestigio que les daría aquella molesta interferencia que trataban de eliminar. A Robert Dicke le quedaba el enorme consuelo de saber que él y su equipo eran los primeros humanos de la historia que podrían responder con evidencias empíricas a una de las preguntas más antiguas y complicadas que jamás se haya hecho la humanidad: ¿cómo y cuándo empezó todo lo que podemos observar?

Robert Dicke seguía en el porche de casa. Hacía rato que su pipa había dejado de humear. Era una noche estrellada y, desde allí, no podía imaginarse un espectáculo mejor del que observaba sobre su cabeza. Finalmente se levantó y volvió a entrar en casa. Annie y Judy estaban dormidas en el sofá, con el televisor puesto en marcha a pesar de que ya no había ningún programa en antena.

—Annie, Annie —susurró con cuidado de no despertar a la niña.

—¿Qué hora es? —preguntó ella—. Ufff... me he quedado dormida.

—No te preocupes, ya la meto yo en la cama. Pero tu vete a dormir también. Aquí solo conseguirás que mañana te duela la espalda.

Luego cogió a la niña en brazos y la dejó en la cama de la habitación de invitados. Robert Dicke volvió a bajar a la sala de estar. Todo estaba a oscuras excepto el televisor. Hacía rato que la programación del canal que estaban mirando había terminado. Ya no había rastro alguno de la ceremonia de los Premios Nobel. En la pantalla solo se veía una maraña de manchas de diferentes tonos de gris y se sentía un ruido molesto, una imagen que miles de hogares de todo el mundo habían podido ver cuando, en la era de las televisiones analógicas, los canales cortaban las emisiones durante la noche.

Se sentó en el sofá y se quedó un rato mirando esa pantalla estática y escuchando ese ruido. Hipnotizado. Pensando que, a pesar de no ser su protagonista, aquel había sido un gran día para él y para toda la comunidad científica. Sus previsiones se habían confirmado, aunque fuera accidentalmente, y el mundo académico iniciaba una nueva era para tratar de explicar con detalle y precisión cómo y cuándo se había originado el cosmos.

Harían falta muchas visiones distintas, y complementarias, para poder explicarlo. Se alcanzaría un consenso muy amplio sobre el momento inicial, que se produjo hace unos 13 800 millones de años. Existen varias evidencias y modelos que han llegado, de forma independiente, a esta misma cifra como edad del universo. El consenso también se extiende bastante a la hora de explicar qué ocurrió a partir del primer instante, e incluso cómo surgió todo ello. Efectivamente, la mecánica cuántica ayudaría a explicar aquellos momentos iniciales y, sobre todo, cómo una fluctuación de energía infinitesimal desató aquel maravilloso espectáculo a partir de la nada.

Al principio se produjo una grandísima expansión, lo que se conoce como inflación cósmica. Aún no había átomos, todo era un plasma de cuarks y gluones que poco a poco empezaron a formar los primeros protones y neutrones. Lentamente todo se fue enfriando, y aquellas partículas empezaron a combinarse entre ellas para formar los primeros átomos de deuterio y helio. Tras el resplandor inicial, el universo entró en una era de oscuridad, tal y como prevé la física relativista. Las teorías de Einstein servirían para explicar los fenómenos que se desataron en aquella época de negrura absoluta.

Más tarde, unos 500 000 años después de su gran explosión, todo volvió a cambiar. Lentamente, la atracción gravitacional explicada por Newton empezó a actuar e hizo que los átomos se fueran acercando unos a otros y se fueran calentando. Hace cerca de 13 300 millones de años se acabó la era de la oscuridad y la mecánica newtoniana, literalmente, llenó de luz el universo permitiendo que se formaran las primeras estrellas, mucho mayores pero menos eficientes que las siguientes en lo que a combustión de materia se refiere.

Billones de nubes de polvo y gas esparcidos por el universo se fueron condensando, tal y como había especulado Laplace, dando lugar a sistemas solares como el nuestro. En ellos un pequeño planeta con unas condiciones especiales vería aparecer agua en estado líquido: el disolvente universal imprescindible para que a lo largo de millones de años evolucionaran todo tipo de especies, una de las cuales, incluso, sería capaz de teorizar sobre su propio origen.

El profesor Dicke, sentado en un universo en continua expansión, repasó mentalmente todas las aportaciones en los campos de la astronomía, pero también de la física, las matemáticas, la geología, la óptica y un largo etcétera de disciplinas diferentes que habían contribuido a llegar a aquellas conclusiones. Y los miles y miles de nombres, famosos y anónimos, que habían intervenido en ese logro.

Para explicar el Big Bang harían falta personajes como Stephen Hawking, Lawrence Krauss, Robert Penrose, Albert Einstein, Georges Lemaître, George Gamow y Edwin Hubble, entre muchos otros. Pero a esta lista hay que añadir cientos de científicos que de forma indirecta también participaron en la labor de aportar pruebas y evidencias a la que quizás sea la pregunta planteada por el conjunto de los *Homo sapiens* más difícil de responder.

Así, aunque no tuvieran un papel protagonista en esta historia, Dicke repasó otras contribuciones necesarias para completar ese complejo puzle. Como el descubrimiento de un púlsar hecho por la joven Jocelyn Bell una década antes; o los imprescindibles programas *Apolo* y *Sputnik* que hicieron despegar la era de la exploración espacial; o las investigaciones realizadas por Ruby Payne-Scott precisamente en radioastronomía; o el descubrimiento de la composición de las estrellas por parte de Cecilia Payne; y como estas nacían y morían gracias al límite de Subrahmanyan Chandrasekhar; o la innovadora e imprescindible forma de indexar la luminosidad ideada por Henrietta Swan Levitt y que cambió radicalmente la observación estelar.

Pero a esa compleja teoría no se habría podido llegar sin una física moderna y sin los planteamientos contraintuitivos propuestos por la escuela de Copenhague. Pese a sus discrepancias con Einstein, también habían hecho falta las visiones de Werner Heisenberg y Niels Bohr, y experimentos como los de John Bell, para completar una rama de la física, la mecánica cuántica, sin la cual la visión del cosmos actual sería incompleta. Una física cuántica nacida de las manos de Max Planck y que a lo largo del siglo XX haría un camino apasionante gracias a nombres como Erwin Schrödinger y su famoso gato; y Ernest Rutherford y el experimento que permitió descubrir el núcleo atómico; y las antipartículas teorizadas por Paul Dirac; y la fisión nuclear descubierta por la brillante Lise Meitner; y el principio de exclusión de Wolfgang Pauli; y, por supuesto, habría sido imposible entender cómo se comporta la materia a escalas subatómicas si la increíble Marie Curie no hubiera querido fisgonear donde otros creían que no había nada que investigar. Como ella misma dijo, «descubrir es mirar lo que todos han mirado y ver lo que nadie ha visto hasta entonces».

La base teórica descrita por aquella generación de especialistas en partículas subatómicas era, sin duda imprescindible. Pero no habría llegado muy lejos sin una larga lista de inventores como el injustamente tratado Alan Turing y sus modelos de computación, que abrirían la era de una informática capaz de contar las estrellas por decenas de millones, por billones, y llegar a unos límites nunca antes imaginados. Y, antes que él, de una serie de nombres como Nikola Tesla, Thomas Alva Edison o Ada Lovelace que abrieron la puerta a la tecnología del siglo xx. Y también de James Clerk Maxwell, Michael Faraday, André-Marie Ampère y todos los que contribuyeron a desarrollar la era de la electricidad, imaginando, diseñando o fabricando todo tipo de artilugios que pronto los científicos del siglo xx usarían para realizar experimentos en una gran diversidad de campos.

No se puede olvidar tampoco que si algunos científicos se atrevieron a especular sobre un origen del cosmos no mágico también se debe a la valentía de Charles Darwin, Alfred Russell Wallace y todos los biólogos evolucionistas que, situando al ser humano en una rama de la vida y no en su tronco principal, permitieron imaginarse un universo complejo, no diseñado para un propósito ni un fin concreto.

Científicos que ayudaron a demostrar que la edad del cosmos y de la misma Tierra se media en millones de años y no en miles. Contribuciones como las hechas por Alfred Wegener y la deriva continental que propuso; o Mary Anning, la mayor «cazadora de fósiles» de la historia sin la cual muchos seguirían dudando de la evolución.

El camino del conocimiento había sido largo y tortuoso, no exento de peligros y complicaciones, de retrocesos y de desviaciones, pero no sería justo no atribuirle a Isaac Newton el mérito de haber sabido iluminar el camino correcto en el momento en el que más falta hacía. Él marcó, quizás como ningún otro, las pautas y las reglas del método científico, basadas en el lenguaje matemático, que a partir de entonces se escribirían en ábacos, calculadoras y ordenadores, haciéndolo comprensible, cuantificable e incluso, durante cierto tiempo, previsible.

Él merecía brillar más que nadie, en ese repaso rápido a la historia de la ciencia que estaba haciendo Robert Dicke. Pero orbitando a su alrededor tampoco podía olvidar a personajes como el holandés Christiaan Huygens o el antipático Robert Hooke, que habían contribuido a explicar la naturaleza de la luz que Newton había «encendido». Ni tampoco su amigo Edmond Halley, que había sido el primero en entender las repercusiones de sus teorías.

Newton fue una pieza clave, pero no la primera. Él tampoco había partido de cero. Buena parte de su mérito había consistido en «trepar a hombros de gigantes», tal y como admitió. Gigantes como Johannes Kepler, quien había descrito las órbitas planetarias que le servirían de base para formular las leyes de la gravitación universal. O Tycho Brahe y su olfato para captar que era necesario un cambio radical en la forma de recoger y procesar los datos. Y también se había encaramado sobre los hombros de Nicolás Copérnico, que se había atrevido a poner en duda que la concepción que se tenía sobre el centro del universo. Incluso del proprio Giordano Bruno, quemado en la hoguera por teorizar sobre cuestiones científicas.

Y, por supuesto, si toda aquella generación de científicos que Dicke repasaba mentalmente había llegado tan lejos era por haberse subido a hombros de un gigante como Galileo Galilei, padre del método científico moderno y una de las primeras personas que entendió que la «naturaleza nos habla en el idioma de las matemáticas». Un idioma universal que no hace distinciones de origen ni género y que los humanos hemos aprendido a «hablar» gracias a las contribuciones de hombres y mujeres indias, árabes, griegas, persas o chinas. Como Brahmagupta, que describió el número cero, sin el que habría sido imposible realizar cálculos complejos. O como Al-Khwarizmi, que inventó los algoritmos y el cálculo decimal. O como Hilbert, Gauss, Germain, Kovalévskaya, Euler, Cantor, Noether y una interminable lista que los enlaza con un hilo invisible hasta Arquímedes, Pitágoras, Euclides o Teano.

Todo aquel bagaje habría sido en vano sin personajes como Thabit ibn Qurra, que dedicó su vida a recopilar y traducir textos científicos provenientes de todo el mundo y los preservó para las generaciones futuras, como antes lo habían hecho Teón de Alejandría y todos los directores de la famosa biblioteca de esa ciudad.

El trabajo de aquel grupo de traductores y científicos de Bagdad, con la inestimable ayuda del invento de Johannes Gutenberg, permitiría enlazar a la generación iniciada por Copérnico y la que había terminado de forma prematura con Hipatia. Permitiría que llegaran hasta el siglo xv los conocimientos de Tales de Mileto, Anaximandro, Eratóstenes, Demócrito, Hipatia, Shi Shen o Mo Zi.

Aquella noche, en Princeton, se notaba que la era de los charlatanes había comenzado su declive. La guerra sería aún larga, pesada y se cobraría muchas víctimas. Duraría décadas. Siglos, tal vez. Pero el resultado final no presentaba muchas dudas.

Robert Dicke se quedaría un buen rato sentado en el sofá, navegando por esos pensamientos y mirando su televisor. Después del cielo nocturno que había visto desde el porche, aquel era el segundo mejor espectáculo que podía observar esa noche. Un pequeño porcentaje de las interferencias captadas por la antena analógica de su casa, y que podía ver en la pantalla estática del aparato de televisión, provenían directamente de la radiación de fondo originada por el Big Bang. Robert Dicke quiso quedarse unos instantes, en silencio, disfrutando de aquel espectáculo vetusto y maravilloso.

A Tales y Anaximandro les hubiera gustado saber que, tras veinticinco siglos, el camino que ellos iniciaron había llevado a los humanos hasta el perfeccionamiento de un método que, incluso, podía permitirles responder con bastante seguridad a la pregunta más compleja que jamás habrían imaginado aquellos dos sabios y amigos de Mileto.

*   *   *

Este libro se terminó de imprimir, por encargo de Guadalmazán, el 30 de junio de 2023. El mismo día de 1905, Albert Einstein envía a la revista *Annalen der Physik* un artículo titulado «Sobre la electrodinámica de cuerpos en movimiento», que constituye la presentación de su teoría de la relatividad especial.